优质安装工程策划与实施

范世宏　主编

中国建筑工业出版社

图书在版编目（CIP）数据

优质安装工程策划与实施 / 范世宏主编 .—北京：中国建筑工业出版社，2022.5
ISBN 978-7-112-27331-7

Ⅰ . ①优… Ⅱ . ①范… Ⅲ . ①建筑安装—工程施工 Ⅳ . ① TU758

中国版本图书馆 CIP 数据核字（2022）第 065417 号

责任编辑：高 悦 范业庶 张 磊
责任校对：党 蕾

优质安装工程策划与实施
范世宏 主编
*
中国建筑工业出版社出版、发行（北京海淀三里河路 9 号）
各地新华书店、建筑书店经销
北京雅盈中佳图文设计公司制版
天津图文方嘉印刷有限公司印刷
*
开本：787 毫米 ×1092 毫米 1/16 印张：12 字数：228 千字
2022 年 5 月第一版 2022 年 5 月第一次印刷
定价：**128.00** 元
ISBN 978-7-112-27331-7
（39497）

前　言

建筑安装工程（简称：安装工程）是建筑工程的重要组成部分，是建筑工程使用功能的集中体现者，其质量水平的高低，将直接影响建筑工程的施工质量和用户体验感。

安装工程系统多、专业性强；新技术、新工艺、新设备、新材料层出不穷。《建筑业10项新技术（2017版）》《江苏省建筑业10项新技术（2018版）》的适时推出，使得新技术可见、可得、可用，方便了新技术的推广。本书采用工程实例，对安装类新技术进行详细解读，方便读者易学易记，快速掌握新技术、推广使用新技术；为提高工程质量，创造更多精品工程，提供有力的技术支持。

安装工程涉及的规范种类多、数量大，全文强制性标准不断推出。本书采用最新规范标准，精选安装工程的一些规范做法，结合鲁班奖、中国安装工程优质奖（中国安装之星）获奖项目的经典工艺、创意、细部做法，以照片的形式，直观地诠释规范要求、解读经典做法，方便读者理解规范，了解优质工程的具体做法，提高安装工程施工水平，促进优质安装工程数量、质量的提升。

本书第一章介绍了优质安装工程的策划；第二章介绍了新技术及新技术应用示范工程；第三章介绍了优质工程的策划与实施；第四章介绍了优质安装工程经典做法。

本书编写过程中，得到了江苏邗建集团有限公司、江苏省工业设备安装集团有限公司领导、同事的大力支持，在此一并感谢！

因时间仓促，编者水平有限，本书中难免存在不足之处，敬请读者不吝赐教，批评指正。

2021年12月30日

目　录

第三章 优质工程的策划与实施

第四章 优质安装工程经典做法

第一章
优质安装工程的策划

质量是安装工程永恒的主题，直接关系到工程的使用效果和人民的财产安全。优质工程是工程质量的最佳体现。

优质安装工程是在合格工程的基础上，施工单位自我约束，用高于国家施工规范的企业标准指导施工，严格施工工艺，建造出的工程。优质安装工程没有统一的施工验收标准，没有统一的施工工艺，因此，施工单位在创建优质安装工程中存在着种种疑问和困惑。本章从基本定义出发，对优质安装工程的创建过程进行诠释，加深施工单位对优质安装工程的认识，实现创优目的。

第一节　优质安装工程奖简介

1. 建筑工程与安装工程

建筑工程是通过对各类房屋建筑及其附属设施的建造和与其配套线路、管道、设备等的安装所形成的工程实体。

建筑安装工程是与建筑工程配套线路、管道、设备等的安装所形成的工程实体，由建筑给水排水及采暖分部、通风与空调分部、建筑电气分部、智能建筑分部、建筑节能分部（机电部分）、电梯分部等组成。

建筑安装工程，附属于建筑工程，各分部（子分部）相对独立，又相互关联，是建筑工程使用功能的具体体现。

工业安装工程是指为新建、改建、扩建工业建设项目中的设备、管道、电气装置、自动化仪表、防腐、绝热、工业炉等设施所进行的施工技术工作及完成的工程实体。工业安装工程按行业属性，可细分为化工安装工程、石化安装工程、电力安装工程、冶炼安装工程、电子安装工程、轻工安装工程等。

特种设备，是指对人身和财产安全有较大危险性的锅炉、压力容器（含气瓶）、压力管道、电梯、起重机械、客运索道、大型游乐设施、场（厂）内专用机动车辆，以及法律、行政法规规定适用《中华人民共和国特种设备安全法》的其他特种设备。

特种设备安装工程是指特种设备的新建、改造、维修工程，是特种设备制造过程的延续。大型特种设备一般由制造厂完成部件（组件）的制造，由安装单位完成特种设备的组装（拼装）。因此，特种设备安装工程是特种设备制造过程中不可或缺的关键环节。

安装工程，是建筑安装工程、工业安装工程、特种设备安装工程等的统称。限于篇幅，本书只探讨建筑安装工程的质量控制。建筑安装工程以下简称“安装工程”。

2. 优质工程与优质安装工程

（1）优质工程

1）合格工程

符合工程勘察、设计文件的要求；符合现行《建筑工程施工质量验收统一标准》GB 50300和相关专业验收规范的规定，这样的工程称为合格工程。

按此定义，合格工程必须满足现行规范、标准规定，达到设计文件规定的要求。

2）优良工程

在满足相关技术标准的基础上，经过对工程结构安全、使用功能、建筑节能、观感质量以及工程资料的综合评价，达到现行《建筑工程施工质量评价标准》GB/T 50375规定的优良标准的建筑工程。

也就是说，优良工程是在合格工程的基础上，按现行《建筑工程施工质量评价标准》GB/T 50375要求进行评价（验收），符合评价标准的工程。

3）优质工程

优质工程又称为精品工程，以现行的国家规范、标准和工程设计为依据，通过建设各方的精心组织、全员参与，经过前期精心策划，过程严格控制、科学管理，精心施工，最终形成的质量优越、观感效果好的工程。

优质工程的内涵：

① 优质工程是具有优良的内在品质和精致的外观效果的工程（内坚外美），是优中选优的工程；

② 优质工程是全面体现设计意图、满足设计功能（产能）、符合设计做法要求的工程；

③ 优质工程是具备较高的科技含量和新技术、新材料应用广泛的工程；

④ 优质工程是处处符合标准规范要求、做工精细、极少缺陷的工程；

⑤ 优质工程是工程质量均衡、亮点突出的工程；也是经得起标准、时间、使用检验的工程（三个检验）；

⑥ 优质工程是一个地区、一个行业有一定代表性的工程，代表着本地区、本行业的最高质量水平。

优质工程没有统一的评价（验收）标准，是在合格工程（优良工程）的基础上，优中选优的结果。同时，优质工程是一个广义的概念，市优质工程、省优质工程、国家级优质工程等，都可以称为优质工程。

（2）优质安装工程

优质安装工程是以先进的施工技术，科学的管理方法，将工程质量控制与质量管理体系有机地结合起来，创造出的质量水平领先、用户满意的安装工程。同样，优质安装工程是一个广义的概念，市优质安装工程、省优质安装工程、国家级优质安装工程等，都可以称为优质安装工程。

3. 优质工程奖与优质安装工程奖

（1）优质工程奖

优质工程奖是综合性奖项，是对单位工程的整体性评价。申报工程，包括其附属的建筑（功能），作为一个整体进行申报；所有参建单位作为一个整体参加评选。

安装工程作为建筑工程中不可或缺的一部分，纳入优质工程奖的申报；安装单位作为参建单位，参与总承包单位（一般为土建单位）组织的优质工程奖申报。

目前，全国各省、市、区均设置了优质工程奖。如：扬州市邗江区设置了“扬州市邗江区‘邗沟杯’优质工程奖”，扬州市设立了“扬州市优质工程奖‘琼花杯’”，江苏省设置了“江苏省优质工程奖‘扬子杯’”。

中国建筑业协会设置了“中国建设工程鲁班奖（国家优质工程）”，中国施工企业管理协会设置了“国家优质工程奖”等。

（2）优质安装工程奖

优质安装工程奖是专业性奖项，是对安装工程质量的专业性评价。具有一定规模、自成系统、具有独立使用功能的安装工程，一个或几个分部工程（具有独立、完整的使用功能）均可申报优质安装工程奖。安装单位作为申报单位，主动申报优质工程奖。如消防工程、公共建筑中的安装工程，达到一定规模且系统功能完备时，均可申报优质安装工程奖。

大型安装工程，由多家安装单位共同施工的，可联合申报；以一家安装单位总承包，多家安装单位参与施工的，总承包单位牵头，申报优质安装工程奖，其他安装单位作为参建单位参与优质安装工程奖的申报。

目前，中国安装协会设置了“中国安装工程优质奖（中国安装之星）”；大部分省设置了优质安装工程奖，如江苏省设置了安装专项奖“江苏省优质工程奖‘扬子杯’”，上海市设有“上海市‘申安杯’优质安装工程奖”等；部分地级市设置了市级优质安装工程奖，如苏州市设置了“苏州市‘姑苏杯’（安装等类）优质工程奖”。

4. 优质安装工程可参评奖项

优质安装工程作为建筑工程的一部分，可参评国家级、省级、市级、区级优质工程奖；作为专项，可独立申报国家级、省级、市级优质安装工程奖。

以某企业为例。如申报的优质安装工程所在地为扬州市邗江区，能参评的优质工程奖项及申报方式见表 1.1–1。各奖项的证书见图 1.1–1 ~ 图 1.1–8。

表1.1-1　优质安装工程能参评的优质工程奖

类型	奖项名称	评选范围	申报方式
优质安装工程奖	市级安装专项优质工程奖	安装工程	独立申报
	江苏省优质工程奖“扬子杯”	安装工程	独立申报
	中国安装工程优质奖（中国安装之星）	安装工程	独立申报
优质工程奖	扬州市邗江区“邗沟杯”优质工程奖	单位工程	参建或独立申报
	扬州市优质工程奖“琼花杯”	单位工程	参建或独立申报
	江苏省优质工程奖“扬子杯”	单位工程	参建或独立申报
	中国建设工程鲁班奖（国家优质工程）	单位工程	参建或独立申报
	国家优质工程奖	单位工程	参建或独立申报

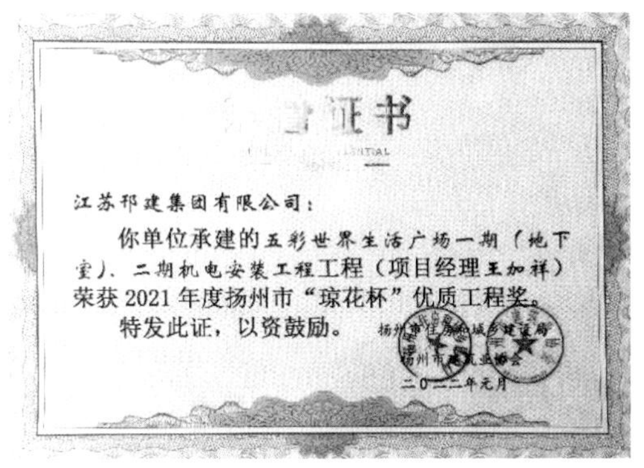

证书

江苏邗建集团有限公司：

你单位承建的五彩世界生活广场一期（地下室）、二期机电安装工程工程（项目经理王加祥）荣获2021年度扬州市“琼花杯”优质工程奖。

特发此证，以资鼓励。

扬州市住房和城乡建设局

扬州市建筑业协会

二〇二二年元月

图 1.1-1　市级安装专项优质工程奖

获奖证书

江苏邗建集团有限公司：

你单位承建的“扬州市科技综合体（东区）机电安装工程”

荣获2018年度江苏省优质工程奖“扬子杯”。

图 1.1-2　省级安装专项优质工程奖

證　書

江苏邗建集团有限公司

你单位承建的扬州科技综合体项目（东区）机电安装工程

荣获2017-2018年度中国安装工程优质奖（中国安装之星）。

特发此证

2019年1月

图 1.1-3　中国安装工程优质奖

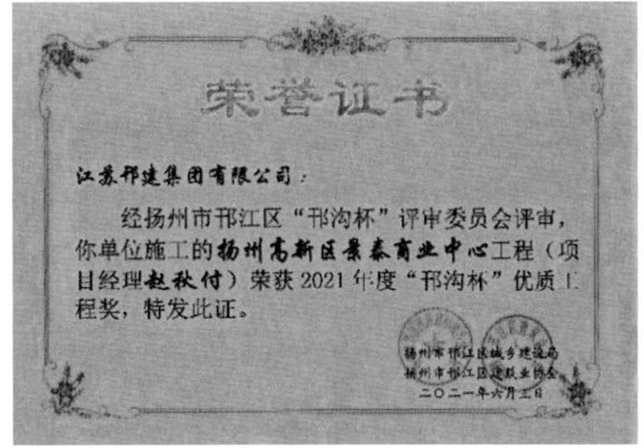

荣誉证书

江苏邗建集团有限公司：

经扬州市邗江区“邗沟杯”评审委员会评审，你单位施工的扬州高新区景泰商业中心工程（项目经理赵秋付）荣获2021年度“邗沟杯”优质工程奖，特发此证。

扬州市邗江区城乡建设局

扬州市邗江区建筑业协会

二〇二一年六月三日

图 1.1-4　扬州市邗江区“邗沟杯”优质工程奖

5．优质安装工程的作用

（1）树立企业品牌，提高企业的知名度

工程质量是施工企业生存与发展的关键，优质工程是施工企业实施品牌战略的法宝，优质工程奖是施工企业形象的金字招牌。优质安装工程是安装企业施工技术、质量管理、

荣誉证书
HONORARY CREDENTIAL
江苏邗建集团有限公司：
你单位承建的邗江区西区新城高级中学新建工程工程（项目经理王刚）荣获2021年度扬州市“琼花杯”优质工程奖。
特发此证，以资鼓励。
扬州市住房和城乡建设局
扬州市建筑业协会
二〇二二年元月

图 1.1-5　扬州市“琼花杯”优质工程奖

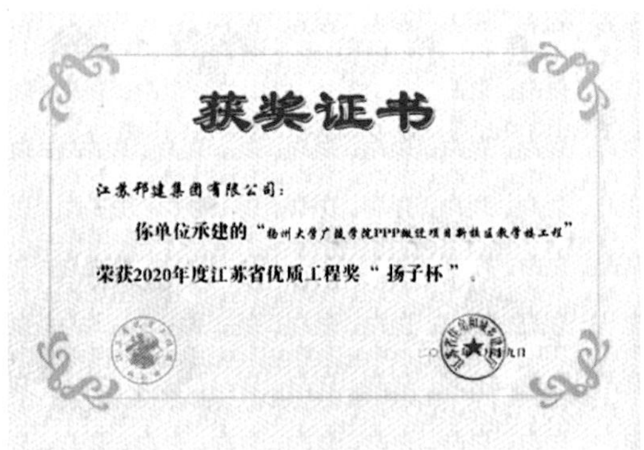
获奖证书
江苏邗建集团有限公司：
你单位承建的“扬州大学广陵学院PPP新建项目新校区教学楼工程”
荣获2020年度江苏省优质工程奖“扬子杯”。

图 1.1-6　江苏省优质工程奖“扬子杯”

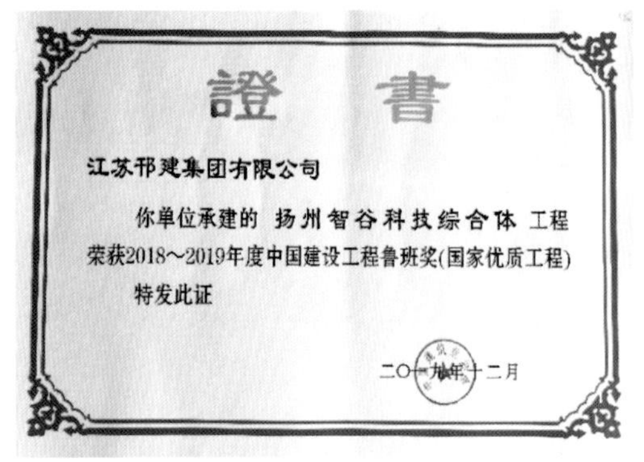
證書
江苏邗建集团有限公司
你单位承建的 扬州智谷科技综合体 工程
荣获2018～2019年度中国建设工程鲁班奖(国家优质工程)
特发此证
二〇一九年十二月

图 1.1-7　中国建设工程鲁班奖（国家优质工程）

江苏邗建集团有限公司：
你单位施工总承包的扬州大学新校区文体馆工程　荣获
2016-2017年度国家优质工程奖。
特发此证。
中国施工企业管理协会
二〇一七年十二月

图 1.1-8　国家优质工程奖

工程管理水平的最佳体现，能极大提高企业品牌形象，提高企业的知名度。

优质安装工程可促进安装施工单位整体质量水平的提高，提高企业的知名度和市场竞争力，在激烈的市场竞争中，树立企业品牌形象、社会信誉，赢得市场，提高用户的满意度。

部分地方政府为鼓励当地企业做大做强，提高企业创优的积极性，对获得优质工程奖的企业、个人予以表彰和物质奖励。如：扬州市在全市建筑业发展大会上，对获奖项目、获奖项目经理进行了表彰；江都区对获得“中国安装之星”的企业给予 8 万元的物质奖励。

（2）施工企业信用评价的需求

为构建以信用管理为核心的新型建筑市场监管机制，规范建筑业施工企业市场行为，实现建筑市场和施工现场“两场”联动，维护建筑市场秩序，保障建设工程质量与施工安全，落实《建筑市场信用管理暂行办法》（建市〔2017〕241 号）等文件要求，各省、市均开展了建筑业施工企业动态评价工作。

从事房屋建筑、市政基础设施工程施工的总承包企业、专业承包企业实施动态评价。

信用评价结果应用于招标投标、信用等级划分、政府投资项目应急承包商名录库、差别化管理等方面。信用分的高低，是施工企业信用的综合体现，更是企业能否参与市场竞争的基石。信用分较低的施工企业将无缘参与市场竞争。

以扬州市为例。2021 年对扬州市建筑市场信用评价规则及评价标准进行了修订完善。新文件中，对各级工程质量奖进行了加分奖励。见表 1.1–2。

表1.1–2　扬州市建筑市场信用评价标准（部分）

项目	评价标准代码	优良行为内容	加分标准	修改事项
3. 企业优良行为标准	D2–2–01	承建项目获得“鲁班奖”表彰的	+20 分	
	D2–2–02	承建项目获得国家及优质工程表彰的	+12 分	
	D2–2–03	承建项目获得“詹天佑奖”表彰的	+10 分	
	D2–2–04	承建项目获得专业国优工程表彰的[全国建筑工程装饰奖、中国安装工程优质奖、中国风景园林学会科学技术奖（园林工程奖）、全国市政金杯示范工程、詹天佑住宅小区金奖、华夏建设科学技术奖]	+6 分	调整内容
	D2–2–05	承建项目获得省级优质工程表彰的（扬子杯）	+5 分	
	D2–2–06	承建项目获得市级优质工程表彰的（琼花杯）	+3 分	
4. 个人优良行为标准	d2–2–01	承建项目获得“鲁班奖”表彰的	+20 分	
	d2–2–02	承建项目获得国家及优质工程表彰的	+15 分	
	d2–2–03	承建项目获得“詹天佑奖”表彰的	+10 分	
	d2–2–04	承建项目获得专业国优工程表彰的[全国建筑工程装饰奖、中国安装工程优质奖、中国风景园林学会科学技术奖（园林工程奖）、全国市政金杯示范工程、詹天佑住宅小区金奖、华夏建设科学技术奖]	+8 分	调整内容
	d2–2–05	承建项目获得省级优质工程表彰的（扬子杯）	+6 分	
	d2–2–06	承建项目获得市级优质工程表彰的（琼花杯）	+4 分	

从信用评价标准中可以看出，扬州市对各级优质工程奖均进行了加分，且加分力度较大。

（3）工程投标的需要

为促进当地施工质量的提升，提高施工单位创优质工程的积极性，各地政府部门出台了在招标投标活动中对获奖工程进行加分的奖励政策，提倡优质优价。

如江苏省住建厅颁布了《关于在安装工程招标投标活动中对获奖工程进行加分的通知》苏建招〔2011〕761 号，文件中规定：“在政府投资房屋建筑和市政基础设施工程招标投标活动中，凡工程安装施工招标采用综合评估法的，招标人可以对负责项目曾获评中国安装工程优质奖（中国安装之星）的投标项目负责人给予奖项计分。中国安装工程优质奖（中国安装之星）的计分原则按照苏建招〔2009〕140 号文件中有关鲁班奖的规定执行。”

（4）提高企业综合管理水平的需要

创优质安装工程的过程是一个安装企业强化质量意识，提高自身施工、管理水平的主动活动。通过事先策划将企业的技术优势、管理优势进行转化；通过领导挂帅，在最大限度地保证项目实现过程的各类资源需要的同时，增加了管理层与员工之间的信任，增加了管理层对员工的重新认识；通过全员参与，可最大限度地消除企业部门间、与项目部间的壁垒，充分发挥每个人的主观能动性，相互配合，在实现优质工程的同时，提高了每个人的工作能力和相互协调能力。

创优质安装工程可以加强安装企业的质量成本控制、分析能力。一般来讲，质量成本由预防成本、鉴定成本、修缮成本构成。通过创优，可以积累大量经验、教训，通过分析，可将安装单位的质量成本降到最低。

实现优质安装工程可树立全体员工质量意识，使安装企业持续改进其生产和服务系统，最大限度地保证工程质量，最终实现顾客零投诉。

（5）全面提高个人能力的需要

优质安装工程的实施，是对安装企业各级岗位人员水平考验和提高的过程。项目策划、实施的过程，是所有参与人员自我学习、自我提高的过程。优质工程施工的前提是满足规范要求，要求工程技术人员不但要掌握本专业施工规范、相关专业施工规范，而且要熟悉设计规范、产品规范；同时优质工程对新技术应用、绿色施工有要求，也可促使技术人员学习新技术，掌握创新方法，创新施工工艺。同样，确保工程质量、提高观感水平、新技术的应用等，能极大提高技术工人的技艺水平，熟悉各种新材料的特性和操作工艺，不断提高操作水平。对于管理人员，在促进专业技能提升的同时，还可提升管理水平。

（6）职称评审的需要

施工企业技术人员申报职称时，需提供个人业绩，优质安装工程奖是施工企业技术人员最佳业绩，能满足职称评审中业绩需求。

现行的《江苏省建设工程专业技术资格条件（试行）》苏职称〔2021〕5 号中，申报中级、高级职称时，对个人业绩均有要求。

1）从事工程施工的技术人员，申报工程师的资格条件

从事建设工程专业技术工作，取得助理工程（建筑）师资格后，须同时具备下列条件中的 2 条：

① 参与完成 1 项以上县（局）级科研项目，并通过鉴定。

② 参与编制完成 1 项以上市（厅）级标准、规范、规程，并已颁布实施。

③ 参与完成 1 项以上中型工程项目或 2 项以上小型工程项目的工程设计、工程施工或科技管理专业技术工作。

④ 参与开发具有较高水平的新技术、新产品、新工艺、新材料 1 项以上，或推广应用具有较高水平的新技术、新产品、新工艺、新材料 2 项以上。

⑤ 参与完成 1 项以上省级工法，并已颁布实施。

⑥ 在建设工程项目中解决较为复杂、疑难技术问题 2 项以上，或在处理重大的工程质量、安全事故或工程隐患中，措施得当，效果显著。

⑦ 作为主要完成人，获得建设工程领域发明专利 1 项或实用新型专利 2 项以上，并已实施，且取得较好社会、经济效益。

⑧ 作为主要负责人，完成 2 项以上本行业内具有指导性、规范性政策文件的起草及应用推广，促进或推动本地区建设行业社会经济发展，被主流媒体宣传报道或被主管部门及第三方好评。

⑨ 参与国家战略、"一带一路"工程建设项目，并获得 1 项以上项目所在国政府部门颁发的荣誉或奖励。

⑩ 作为主要完成人，获得本行业科学技术进步奖 1 项以上（以个人奖励证书为准）。

⑪ 作为主要完成人，获得市（厅）级优秀设计奖三等奖 1 项以上（以个人奖励证书为准）。

⑫ 作为主要完成人，获得市（厅）级优质工程奖 1 项以上，或县（局）级优质工程奖 2 项以上（以个人奖励证书为准）。

⑬ 作为主要起草人，为解决较复杂的专业技术问题而撰写的有较高水平的专项研究报告、技术分析报告、立项研究（论证）报告 1 篇以上。

2）从事工程施工的技术人员，申报高级工程师的资格条件

从事工程施工专业技术工作，取得工程师资格后，同时具备下列 ① ~ ⑫ 条中 2 条及 ⑬ ~ ⑯ 条中 1 条：

① 作为主要完成人，完成市（厅）级科研课题 1 项以上，并通过市（厅）级以上行业主管部门成果鉴定。

② 作为主要完成人，完成 2 项以上大型工程，或 1 项大型工程和 2 项中型工程，或 4 项以上中型工程的工程施工专业技术工作。

③ 作为主要起草人，完成 1 项以上省级（团体）标准、规范、规程、图集、导则、指南的编制，并已颁布实施。

④ 作为主要完成人，完成 1 项以上通过验收的国家级新技术示范工程或 2 项以上通过验收的省级新技术示范工程，其技术水平经鉴定达到国内先进以上。

⑤ 作为主要完成人，完成 2 项以上省级工法（排名前 5），并已颁布实施，且取得

较好社会、经济效益。

⑥ 作为主要完成人，获得建设工程领域发明专利 1 项以上，或新型实用专利 4 项以上（排名前 2），并已推广应用，且取得较好的社会、经济效益。

⑦ 作为主要完成人，开发具有较高水平的新技术、新工艺、新产品、新材料 2 项以上，或推广应用具有较高水平的新技术、新工艺、新产品、新材料 3 项以上。

⑧ 作为主要完成人，承担 3 项以上市（厅）级建设工程领域的绿色建筑、绿色施工、装配式建筑、智能建筑、信息技术等项目，取得显著社会、经济效益（须提供立项报告、建设单位证明、应用单位证明，以及反映全过程管理中关键节点的证明材料）。

⑨ 在建设工程项目中解决复杂、疑难的技术问题 3 项以上，或在处理重大的工程质量、安全事故或工程隐患中，措施得当，社会、经济效益显著，经市（厅）级以上行业主管部门（或其认可的社会团体）认可。

⑩ 作为主要完成人，获得市（厅）级科学技术进步奖（及相应奖项）三等奖 1 项以上（以个人奖励证书为准）。

⑪ 作为主要完成人，获得省（部）级优质工程奖 1 项以上，或市（厅）级优质工程奖 2 项以上（以个人奖励证书为准）。

⑫ 作为主要完成人，在国家战略、“一带一路”工程建设项目中，获得 1 项以上项目所在国政府部门颁发的荣誉或奖励。

⑬ 作为主要编著者，出版本专业著作 1 部（本人撰写 5 万字以上）以上。

⑭ 作为第一作者，在公开出版发行的专业学术期刊上发表或在业界公认的高水平专业学术会议（论坛）上报告的本专业论文 1 篇（字数不少于 3000 字）。主持完成并已颁布实施的省级以上行业标准、规程、图集、导则、指南、工法等 1 项可替代 1 篇论文；授权发明专利可替代 1 篇论文。

⑮ 在施工一线工作的专业技术人员，结合工程实践撰写 1 篇以上技术总结或论文，并在市级以上学术会议或学术刊物上交流发表。

⑯ 作为主要起草人，为解决本专业复杂、疑难的技术问题而撰写的有较高水平的专项研究报告、技术分析报告、实例材料等 2 篇以上。

3）从事工程施工的技术人员，申报正高级工程师的资格条件

从事工程施工专业技术工作，取得高级工程师资格后，须同时具备 ① ~ ⑦ 条、⑧ ~ ⑩ 条、⑪ ~ ⑫ 条中各 1 条：

① 作为主要完成人，主持完成省（部）级科研课题 1 项以上，并通过省（部）级以上行业主管部门成果鉴定；或完成市（厅）级科研课题 2 项以上，并通过市（厅）级以上行业主管部门成果鉴定。

② 作为主要完成人，主持完成 3 项以上大型建设工程项目的施工管理专业技术工作。

③ 作为主要起草人，完成 1 项以上国家、行业标准、规范、规程、图集的编制并已颁布实施，或 2 项以上省级（团体）标准、规范、规程、图集、导则、指南的编制，并已颁布实施。

④ 主持完成国家级工法（排名前 2）1 项以上或省级工法（排名前 2）3 项以上，并已颁布实施，取得显著社会经济效益。

⑤ 作为项目负责人，研发具有较高水平的新技术、新工艺、新产品、新材料 3 项以上，且推广应用，取得显著社会效益或经济效益，并经省级以上行业主管部门（或其认可的社会组织）鉴定，其技术经济指标处于国内领先水平。

⑥ 作为主要完成人完成省级及以上重点工程、重大科技攻关；或者在大中型企业技术改造以及在消化引进高科技产品、技术项目中，创造性地解决了重大技术难题，经省级以上行业主管部门（或其认可的社会组织）鉴定，其技术水平处于国内先进或省内领先水平，并取得显著的经济效益或社会效益。

⑦ 作为第一发明人，获得建设工程领域的发明专利 2 项以上，并已推广应用，且取得显著社会、经济效益（须提供专利证书和成果转化合同及专利实施单位的证明）。

⑧ 省（部）级科学技术进步奖（及相应奖项）三等奖 1 项以上，获市（厅）级科学技术进步奖（及相应奖项）一等奖 1 项以上或二等奖 2 项以上获奖项目的主要完成人（以个人奖励证书为准）。

⑨ 国家级优质工程奖 1 项以上或省级优质工程奖 3 项以上获奖项目的主要完成人（以个人奖励证书为准）。

⑩ 国家知识产权局中国专利金奖、优秀奖的主要发明人，或江苏省优秀专利发明人（以个人奖励证书为准）。

⑪ 作为主要编著者，出版本专业学术著作、译著 1 部（本人撰写 10 万字以上）以上。

⑫ 作为第一作者，在公开出版发行的专业学术期刊上发表或在业界公认的高水平专业学术会议（论坛）上报告的本专业论文 2 篇（字数不少于 3000 字）。主持完成并已颁布实施的省级以上行业标准、规程、图集、导则、指南、工法等 1 项可替代 1 篇论文；授权发明专利可替代 1 篇论文。

从申报条件中可以看出，中级、高级、正高级职称的资格条件中，均有优质工程奖对应的条款，只是职称级别越高，相对应的优质工程奖级别越高、数量越多。比较其他条款可以看出，优质工程奖是施工技术人员较容易做到的。因此，优质安装工程奖是施工企业技术人员满足业绩条件的最佳途径。

第二节 优质工程奖及申报条件

1. 优质工程奖申报程序及要求

（1）优质工程奖申报程序

以申报的优质安装工程所在地为扬州市邗江区为例，其质量目标为中国建设工程鲁班奖（国家优质工程），其申报程序如图 1.2-1 所示。

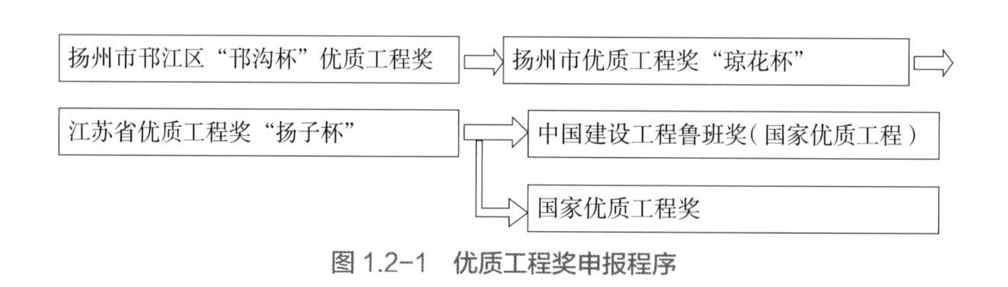

图 1.2-1 优质工程奖申报程序

（2）申报原则

① 优质工程奖的申报一般为从下至上的原则，即取得下一级奖项后，才有资格申报上一级奖项；

② 各级奖项的申报，均有一定的申报条件。对工程规模、竣工时间有一定的要求；对设计、优质结构、新技术应用示范工程、绿色施工、节能等获奖有一定的规定。

（3）扬州市优质工程奖“琼花杯”

扬州市优质工程奖“琼花杯”是扬州市建设工程质量最高奖。其评选对象是本市范围内已竣工并投入使用的各类建设工程，分为综合项目和专业项目两大类。综合项目是以房屋建筑、市政、园林绿化、交通、水利、电力、通信等整体申报的项目，专业项目是以装饰、安装、钢结构、照明等专业申报的项目。

综合项目中包含专业项目的，该专业项目的承建单位可作为综合项目中的参建单位申报，也可单独申报专业项目类别，但不得重复申报。具备独立发包手续的项目方能申报专业项目。

1）申报条件

① 工程建设和管理符合国家及地方现行法律法规要求；

② 工程设计、施工工艺和技术措施合理、先进，符合国家强制性标准和行业技术标准、规范；

③ 工程技术档案资料完整；

④ 房屋建筑工程必须是市优质结构和市文明工地工程；

⑤ 申报工程规模符合相关要求。

2）否定项

有下列情况之一的工程，不得申报：

① 保密工程或竣工后被隐蔽、工程质量不能进行复查的工程；

② 已参加评选而未获奖的工程；

③ 在施工过程中发生质量安全事故的工程；

④ 工程参建单位拖欠工程款或进城务工人员工资造成不良影响的工程；

⑤ 工程参建单位受到建设行政主管部门限制市场准入，责令整顿或降低资质等行政处罚的工程。

3）优质工程奖“琼花杯”评选程序

承建单位申报→协会资料审核、现场查验→评选委员会办公室现场抽查与资料复核→评选委员会评选→推荐名单公示→扬州市城乡建设局表彰。

（4）江苏省优质工程奖“扬子杯”

江苏省优质工程奖“扬子杯”是江苏省建设工程质量最高奖。

扬子杯的评选范围为本省行政区域内完成竣工验收并交付使用一年以上的房屋建筑、市政、园林、城市轨道交通、交通、水利、电力、通信等建设工程项目（以下简称“建设工程项目”）以及装饰、安装、钢结构等专业工程项目。

已获得扬子杯的建设工程项目，其所属专业工程项目不再另行奖励。

1）申报条件

① 符合法律法规要求，符合工程建设程序；

② 工程设计符合国家强制性标准和行业技术标准、规范；凡列入江苏省优秀勘察设计奖评选范围的房屋建筑、市政、园林等建设工程项目应获得省城乡建设系统优秀勘察设计以上奖励；交通、水利等建设工程项目应获得省（部）级及以上优秀勘察设计奖；

③ 工程施工工艺和技术措施先进合理，质量优良；交通、水利等行业项目应获得省（部）级行业优质工程奖；

④ 工程技术档案资料（含隐蔽工程部位的施工过程影像资料）完整；

⑤ 申报的工程在施工中未发生质量安全事故；

⑥ 申报企业没有因受到行政主管部门行政处理而被限制市场准入的情形。

2）否定项

江苏省优质工程奖“扬子杯”将否定项在申报条件中进行了明示，如：1）中⑤、⑥。

3）江苏省优质工程奖“扬子杯”评选程序

江苏省优质工程奖“扬子杯”评选程序如图 1.2–2 所示。

① 扬子杯年度组织申报文件由省住房和城乡建设厅统一下发。

② 建设、施工单位自愿申报扬子杯的，应当在规定期限内向项目所在地省辖市行政主管部门提出申请。省辖市行政主管部门对申请项目进行初审，对照扬子杯评选要求，结合日常监管工作情况，择优推荐评选项目，加盖公章后报省扬子杯评选委员会办公室。

③ 省扬子杯评选委员会委托相关行业协会（学会）组织专家进行项目资料复核和现场查验。专家应从厅扬子杯专家库中随机抽取。

相关行业协会（学会）根据资料复核和现场查验情况，按照优中选优的原则，提交符合评选办法的项目推荐名单。

④ 省扬子杯评选委员会办公室按照评选办法规定，组织专家对行业协会（学会）的推荐项目进行技术审查，专家组负责专业技术审查和把关，研究确定扬子杯获奖项目专家建议名单。

⑤ 扬子杯获奖项目专家建议名单在省住房和城乡建设厅门户网站向社会公示 10 个工作日。

公示期间有投诉的，省扬子杯评选委员会办公室应组织专家进行核查，并将核查情况报评选委员会。

⑥ 省扬子杯评选委员会在专家技术审查意见和社会公示意见基础上，结合日常监管和企业信用情况，以及省辖市行政主管部门意见、行业协会（学会）推荐意见进行综合审定，确定最终获奖项目名单。

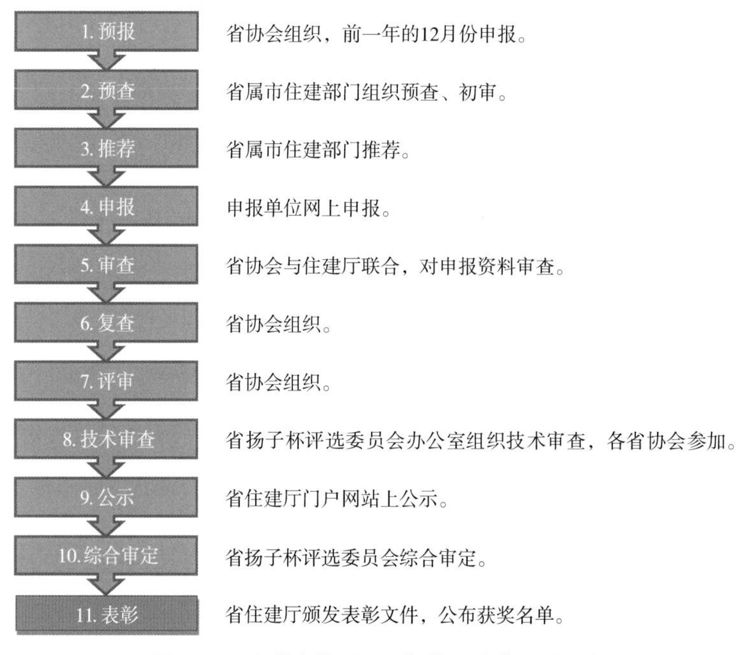

图 1.2-2　江苏省优质工程奖“扬子杯”评选程序

（5）国家优质工程奖

国家优质工程奖是经中共中央、国务院确认设立的工程建设领域跨行业、跨专业的国家级质量奖。最高奖为国家优质工程金奖。

国家优质工程奖弘扬“追求卓越，铸就经典”的国优精神，倡导提升工程质量管理的系统性、科学性和经济性，宣传和表彰设计优、质量精、管理佳、效益好、技术先进、节能环保的工程项目。

国家优质工程奖获奖工程应当符合国家倡导的发展方向和政策要求，综合指标应当达到同时期国内领先水平。

凡在中华人民共和国境内注册登记的企业建设的工程项目（包括境外工程）均可以参与国家优质工程奖评选活动。

国家优质工程奖评选工作由中国施工企业管理协会组织实施。

1）评选范围

参与国家优质工程奖评选的项目应为具有独立生产能力和完整使用功能的新建、扩建和大型技改工程。国家优质工程奖评选包括下列工程：

① 工业工程；

② 交通工程；

③ 水利工程；

④ 通信工程；

⑤ 市政公用工程；

⑥ 建筑工程；

⑦ 绿色生态工程。

2）申报条件

① 建设程序合法合规，诚信守诺；

② 创优目标明确，创优计划合理，质量管理体系健全；

③ 工程设计先进，获得省（部）级优秀工程设计奖；

④ 工程质量可靠，按工程类别获得所在地域、所属行业省（部）级最高质量奖；未开展评奖活动的行业，应获得该行业最高工程质量水平评价；

⑤ 科技创新达到同时期国内先进水平，获得省（部）级科技进步奖，或已通过省（部）级新技术应用示范工程验收，或积极应用“四新”技术、专利技术，行业新技术的大项应用率不少于 80%；

⑥ 践行绿色建造理念，节能环保主要经济技术指标达到同时期国内先进水平；

⑦ 通过竣工验收并投入使用一年以上四年以内；其中，住宅项目竣工后投入使用满三年，入住率在 90% 以上；

⑧ 经济效益及社会效益达到同时期国内先进水平。

3）否定项

不列入评选范围的工程：

① 国内外使、领馆工程；

② 由于设计、施工等原因而存在质量、安全隐患、功能性缺陷的工程；

③ 工程建设及运营过程中发生过一般及以上质量事故、一般及以上安全事故和环境污染事故的工程；

④ 已正式竣工验收，但还有甩项未完的工程。

4）国家优质工程金奖申报条件

具备国家优质工程奖评选条件且符合下列要求的工程，可参评国家优质工程金奖。

① 关系国计民生，在行业内具有先进性和代表性；

② 设计理念领先，达到国家级优秀设计水平；

③ 科技进步显著，获得省（部）级科技进步一等奖；

④ 节能、环保综合指标达到同时期国内领先水平；

⑤ 质量管理模式先进，具有行业引领作用，可复制、可推广；

⑥ 经济效益显著，达到同时期国内领先水平；

⑦ 推动产业升级、行业或区域经济发展贡献突出，对促进社会发展和综合国力提升影响巨大。

5）评选程序

申报→省建筑业协会推荐→申报材料审查→现场复查→评审→公示→审定→表彰。

① 申报。参与国家优质工程奖评选的单位包括建设、勘察、设计、监理和施工等企业。申报时应由一个单位（建设、工程总承包或施工单位）主申报，其他单位配合。

② 推荐。参与国家优质工程奖评选的项目由江苏省建筑业协会推荐。

推荐单位对工程申报材料进行审核，签署推荐意见，出具推荐函，统一报送到中国施工企业管理协会秘书处。推荐函中应将所推荐工程按工程质量水平、社会效益、经济效益等综合排序。

③ 初审。中国施工企业管理协会秘书处组织专家对国家优质工程奖申报材料进行审查。

④ 复查。中国施工企业管理协会秘书处组织专家对通过初审的工程项目进行现场复查。参加建设工程全过程质量控制管理咨询活动的工程项目，在参评国家优质工程奖时可原则上免去现场复查环节。专家组复查后向协会秘书处提交复查报告，并汇报复查情况。

⑤ 评审。召开国家优质工程奖评审会议。中国施工企业管理协会秘书处向审定委员会报告初审及现场复查情况。审定委员会通过评议，以记名方式投票，达到参会评委

二分之一票数的工程确定为国家优质工程奖候选项目，国家优质工程金奖候选项目得票数应达到参会评委的三分之二。

⑥ 公示。国家优质工程奖候选项目在中施企协网站上进行公示。公示期为 15 天。

⑦ 审定。中国施工企业管理协会召开会长办公会议，以记名投票的方式表决。国家优质工程奖项目需达到参会会长二分之一以上的票数，国家优质工程金奖项目需达到参会会长三分之二以上的票数。

⑧ 表彰。获得国家优质工程奖的项目由中国施工企业管理协会予以表彰，授予奖杯、奖牌和证书。

（6）中国建设工程鲁班奖（国家优质工程）

1）申报条件

① 符合法定建设程序，执行国家、行业工程建设标准和有关绿色、节能、环保的规定，工程设计先进合理，并已获得省、自治区、直辖市或本行业工程质量最高奖。

② 工程项目已完成竣工验收备案，经过一年以上使用，且没有发现质量缺陷或质量隐患。

③ 工业交通水利工程、市政园林工程除符合本条①、②项条件外，其技术指标、经济效益及社会效益应达到本专业工程国内领先水平。

④ 住宅工程除符合本条①、②项条件外，入住率应达到 60% 以上。

⑤ 积极开展科技创新，积极推行绿色建造和智能建造；积极采用新技术、新工艺、新材料、新设备，其中有一项国内领先水平的创新技术或采用《建筑业 10 项新技术》不少于 7 项。

⑥ 工程项目应具备结构的独立性和设备系统的完整性。所有分部、分项工程应全部完成，使用功能完善。

⑦ 对于已开展优质结构工程评选的省、自治区、直辖市或行业，申报工程须获得相应的结构质量最高奖；尚未开展优质结构工程评选的省、自治区、直辖市或行业，对纳入创鲁班奖计划的工程，其地基基础、主体结构施工应有过程质量检查记录和评价结论。过程质量检查由推荐单位组织 3 ~ 5 名相关专业的专家进行，且不应少于两次。

支持绿色建筑、智能建筑和装配式建筑等采用新型工业化方式建造的工程申报鲁班奖。

2）否定项

有情况之一的，不得申报：

① 工程项目在建设过程中，发生过质量事故、一般及以上安全生产事故，以及环境污染和生态破坏等其他在社会上造成恶劣影响事件的，不得申报鲁班奖。

② 企业在年度内有被省级政府和国家部委公布的严重失信行为或重大及以上质量、

安全生产事故的，不得申报鲁班奖。

3）中国建设工程鲁班奖（国家优质工程）评选程序（图 1.2-3）

① 申报工程由承建单位提出申请，参建单位的资料由承建单位统一汇总申报。

② 中国建筑业协会秘书处依据本办法规定的申报条件和要求，对申报的工程进行申报资料初审，并将初审结果告知推荐单位。

③ 中国建筑业协会组成若干复查组，根据《中国建设工程鲁班奖（国家优质工程）复查工作细则》对通过初审的工程进行复查。

④ 中国建筑业协会设立鲁班奖评审委员会，通过听取复查组汇报、观看工程影像资料、审查申报资料、质询评议，最终以投票方式评出入选鲁班奖工程。

⑤ 评审结果经中国建筑业协会会长会议审定后，在“中国建筑业协会网”或有关媒体上公示。

⑥ 中国建筑业协会每两年召开颁奖大会，向荣获鲁班奖的主要承建单位授予鲁班金像和获奖证书；向荣获鲁班奖的主要参建单位颁发奖牌和获奖证书；向鲁班奖工程承建单位的项目经理颁发证书。

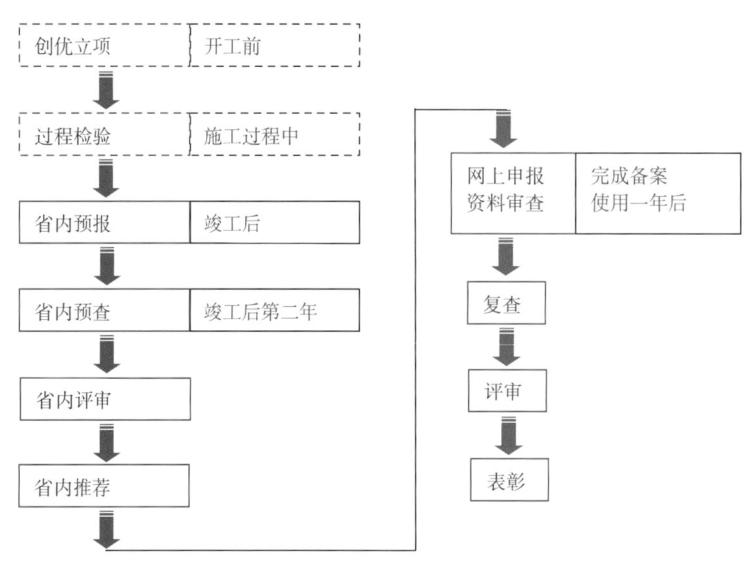

图 1.2-3　中国建设工程鲁班奖（国家优质工程）评选程序

2. 优质安装工程奖申报程序及要求

（1）江苏省优质工程奖“扬子杯”

安装工程申报江苏省优质工程奖“扬子杯”时，申报工程的类型、规模有单独的规定；其他的申报条件同本节 1.→（4）→1），申报程序同本节 1.→（4）→3）。

（2）中国安装工程优质奖（中国安装之星）

1）申报条件

① 申报工程应是我国境内已经建成使用或投入生产一年以上三年以内新建、扩建、改建，通过竣工验收的民用建设项目和工业生产、交通运输建设项目中的机电安装工程。

机电安装工程指能够形成使用功能或发挥生产效能的设备、电气、装置、输送管线或系统等安装工程。

执行中国标准的境外工程，具备本办法规定评审条件要求的，也可参加评选活动。

② 申报工程范围和规模要求应符合本办法《中国安装工程优质奖（中国安装之星）申报工程分类及规模要求》（附件 1）的规定。

③ 申报工程应符合国家法定建设程序、工程建设强制性条文、相关工程建设技术标准、质量验收规范和消防、安全、节能、环保的相关规定，工程设计先进合理，已获得本行业或本地区省级工程质量奖。

没有开展优质安装工程评选活动的地区，经征得中国安装协会确认，可组织中国安装协会专家库的专家对申报工程进行质量检查评议，形成检查记录和评价结论，有关机构或单位出具达到省级优质工程水平的文件，可视同获得省级优质工程。

④ 申报工程的技术指标、经济效益应达到本行业或本地区同类同期工程先进水平。鼓励申报单位在申报工程建设过程中推广应用 BIM 与信息化等新技术，通过科技创新，总结并形成科技成果。申报工程已完成竣工验收（备案），经过一年以上时间投产或运行后，管线、管网、设备及系统运转正常，没有发现影响使用功能或生产效能的质量缺陷和安全隐患。

⑤ 一家申报单位每年可申报一项工程。遇有特殊工程或申报单位经营规模较大，经申报单位征得中国安装协会同意，可申报两项工程。

⑥ 受到省、自治区、直辖市或国务院有关部门资质降级、诚信缺失等行政处罚的企业，两年内不能申报。

2）否定项

有下列情况之一者，不列入评选范围的工程：

① 境内工程未执行中国相关技术标准的外资工程、中外合作工程和中外合资工程。

② 保密工程。

③ 参加过安装之星评选的工程。

④ 工程建设及运营过程中发生过一般及以上质量事故或安全责任事故的工程。

⑤ 发生过重大环境污染事故或重大不良社会影响事件的工程。

3）申报程序

中国安装工程优质奖申报流程图见图 1.2-4。

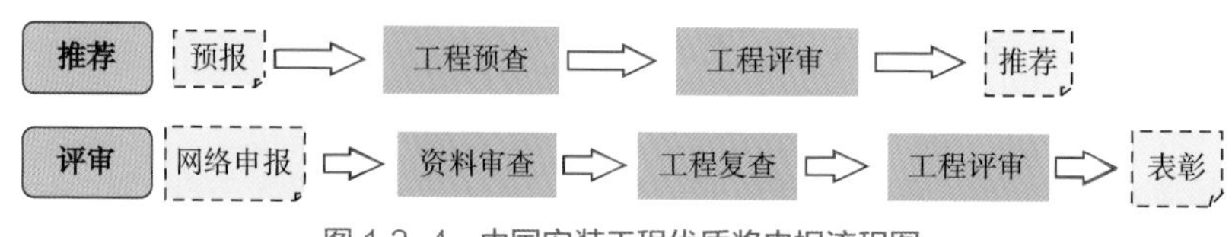

图 1.2-4 中国安装工程优质奖申报流程图

① 推荐。

a. 地方企业向所在省安装协会进行预报。

b. 省安装协会依据评选办法对申报资料进行初审。

c. 省安装协会从中国安装协会专家库中遴选专家，组织专家组对初审合格的项目进行预查。

d. 省安装协会组织评审委员会，通过听取工程预查组汇报和质询评议，最终以无记名投票方式评出推荐工程。

e. 省安装协会在安装之星申报表相关栏内签署对申报工程的质量评价及是否推荐意见，加盖印章，以文件形式向中国安装协会推荐。

② 评审。

a. 安装之星申报资料通过互联网在线上传。

b. 中国安装协会秘书处依据本办法对申报工程的资料进行初步审查，并及时将审查结果反馈推荐单位。

c. 中国安装协会秘书处根据申报工程情况，从中国安装协会专家库中遴选专家，组织若干工程复查组对通过初步审查的申报工程进行现场复查。

d. 安装之星评选活动设立评审委员会，通过听取工程复查组汇报、观看工程 PPT 或 DVD 录像、审查工程复查报告和质询评议，最终以无记名投票方式评出入选工程。

e. 评审结果在中国安装协会网站或有关媒体公示。公示期限为 7 个自然日。任何单位或个人均可对公示项目中存在的问题提出意见和异议。

f. 公示期满无异议后，中国安装协会对通过评审的工程项目进行公布。

g. 中国安装协会每两年召开一次颁奖大会，向获得安装之星的主要承建单位颁发奖杯、奖牌和荣誉证书；向获得安装之星的参建单位颁发奖牌和荣誉证书；向在创优活动中做出突出成绩的企业和人员颁发荣誉证书，并通报表彰。

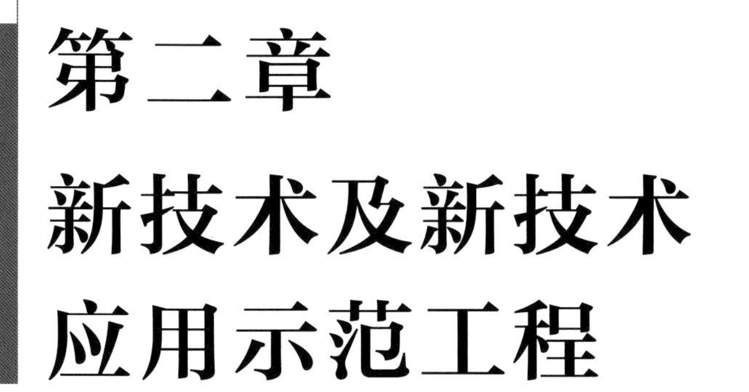

第二章 新技术及新技术应用示范工程

第一节　建筑业 10 项新技术（2017 版）

1. 建筑业 10 项新技术的发展历程

为推动建筑业的升级和新技术的落地，住房和城乡建设部（原建设部）一直以来非常重视建筑业新技术的推广和应用，并在 1994 年下发了《关于建筑业 1994 年、1995 年和“九五”期间重点推广应用 10 项新技术的通知》，推动建筑业的转化升级。之后，在 1998 年、2005 年、2010 年、2017 年分别推出了新版本，对前面的技术进行升级、补充、完善。现行的有效版本为《建筑业 10 项新技术（2017 版）》。

《建筑业 10 项新技术（2017 版）》在 2010 版的基础上，对已纳入新技术的 10 项内容进行了改版升级，对技术内涵、技术指标、使用范围进行了适当地调整；吸收了一大批新技术与创新成果；面向建筑业技术提升、产业转型升级与行业发展要求，在加强建筑工业化、建筑节能、绿色施工技术、BIM 信息化技术应用等方面，进行了补充与完善。

2.《建筑业 10 项新技术（2017 版）》内容

《建筑业 10 项新技术（2017 版）》由 10 大项、107 分项组成。10 大项内容是：

① 地基基础和地下空间工程技术；

② 钢筋与混凝土技术；

③ 模板脚手架技术；

④ 装配式混凝土结构技术；

⑤ 钢结构技术；

⑥ 机电安装工程技术；

⑦ 绿色施工技术；

⑧ 防水技术与围护结构节能；

⑨ 抗震、加固与监测技术；

⑩ 信息化技术；

限于篇幅，本书只介绍“6 机电安装工程技术”。

3. 机电安装工程技术详解

《建筑业 10 项新技术（2017 版）》中“6 机电安装工程技术”详细介绍了 12 分项技术，各分项技术中包含了多项技术，具体内容见表 2.1–1。

表2.1-1　机电安装工程技术

大项	分项	小项	备注
6　机电安装工程技术	6.1　基于BIM的管线综合技术		
	6.2　导线连接器应用技术		按结构分为：螺纹型连接器、无螺纹型连接器（包括：通用型和推线式两种结构）和扭接式连接器
	6.3　可弯曲金属导管安装技术		
	6.4　工业化成品支吊架技术		
	6.5　机电管线及设备工厂化预制技术		
	6.6　薄壁金属管道新型连接安装施工技术		（1）铜管机械密封式连接，包括：卡套式连接、插接式连接、压接式连接； （2）薄壁不锈钢管机械密封式连接，包括：卡压式连接、卡凸式螺母型连接、环压式连接
	6.7　内保温金属风管施工技术		
	6.8　金属风管预制安装施工技术	6.8.1　金属矩形风管薄钢板法兰连接技术	根据加工形式不同分为两种：一种是法兰与风管壁为一体的形式，称之为“共板法兰”；另一种是薄钢板法兰用专用组合式法兰机制做成法兰的形式
		6.8.2　金属圆形螺旋风管制安技术	
	6.9　超高层垂直高压电缆敷设技术		
	6.10　机电消声减振综合施工技术		
	6.11　建筑机电系统全过程调试技术		

本节以下内容参照《建筑业10项新技术（2017版）》为便于对照，保留原有的序号。

6.1　基于BIM的管线综合技术

6.1.1　技术内容

（1）技术特点

随着BIM技术的普及，其在机电管线综合技术应用方面的优势日益突出。丰富的模型信息库，与多种软件方便的数据交换接口，成熟、便捷的可视化应用软件等，均比传统的管线综合技术有了较大的提升。

（2）深化设计及设计优化

机电工程施工中，许多工程的设计图纸由于诸多原因，设计深度往往满足不了施工的需要，施工前尚需进行深化设计，如图6.1-1、图6.1-2所示。机电系统各种管线错综复杂，管路走向密集交错，若在施工中发生碰撞，则会出现拆除返工现象，甚至会导致设计方案的重新修改，不仅浪费材料、延误工期，还会增加项目成本。基于BIM技术的管线综合技术，可将建筑、结构、机电等专业模型整合，很方便地进行深化设计，再根据建筑专业要求及净高要求将综合模型导入相关软件进行机电专业和建筑、结构专业的碰撞检查，根据碰撞报告结果对管线进行调整，避让建筑结构。机电专业的碰撞检测，是在“机电管线排布方案”建模的基础上对设备和管线进行综合布置并调整，从而在工程开始施工前发现问题，通过深化设计及设计优化，使问题在施工前得以解决。

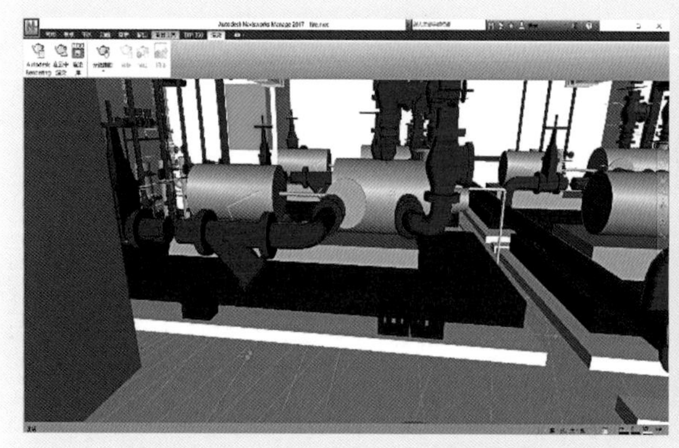
图6.1-1 Navisworks 3D模拟弹簧减振

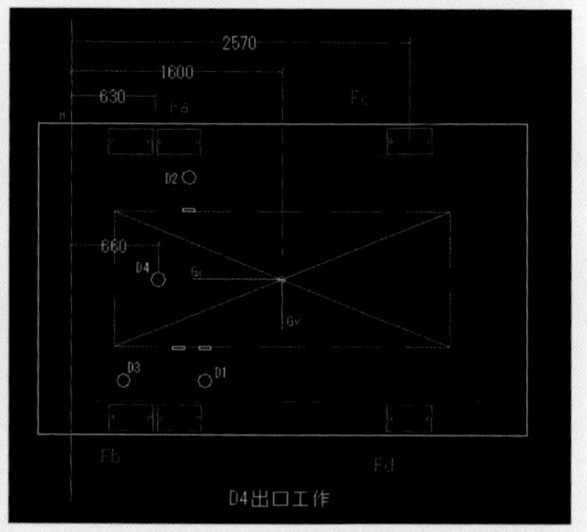

图6.1-2 平面图弹簧受力分析

（3）多专业施工工序协调

暖通、给水排水、消防、强弱电等各专业由于受施工现场、专业协调、技术差异等因素的影响，不可避免地存在很多局部的、隐性的专业交叉问题，各专业在建筑某些平面、立面位置上产生交叉、重叠，无法按施工图作业或施工顺序倒置，造成返工，这些问题有些是无法通过经验判断来及时发现并解决的。通过BIM技术的可视化、参数化、智能化特性，进行多专业碰撞检查、净高控制检查和精确预留预埋，或者利用基于BIM技术的4D施工管理，对施工工序过程进行模拟，对各专业进行事先协调，可以很容易地发现和解决碰撞点，减少因不同专业沟通不畅而产生技术错误，大大减少返工，节约施工成本。多专业协调后建模的冷冻机房如图6.1-3所示，分水器及管线的综合图如图6.1-4所示。

（4）施工模拟

利用BIM施工模拟技术，使得复杂的机电施工过程变得简单、可视、易懂。

BIM 4D虚拟建造形象直观、动态模拟施工过程和重要环节施工工艺，将多种施工及工艺方案的可实施性进行比较，为最终方案优选决策提供支持。采用动态跟踪可视化施工组织设计（4D虚拟建造），对设备、材料到货情况进行预警，同时通

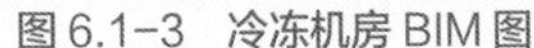

图 6.1-3　冷冻机房 BIM 图

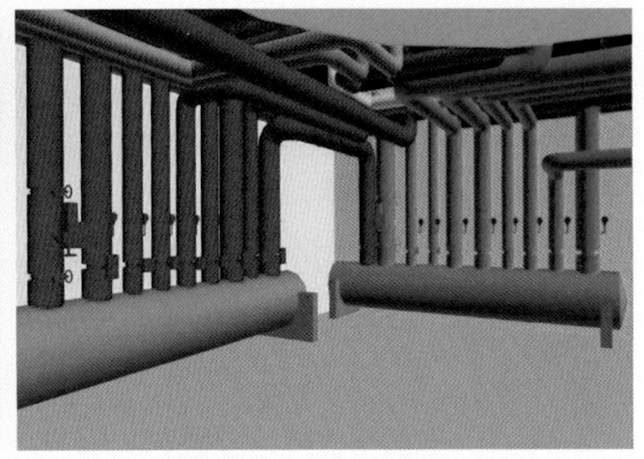

图 6.1-4　分水器 BIM 图

过进度管理，将现场实际进度完成情况反馈回“BIM 信息模型管理系统”中，与计划进行对比、分析及纠偏，实现施工进度控制管理。

基于 BIM 技术对施工进度可实现精确计划、跟踪和控制，动态地分配各种施工资源和场地，实时跟踪工程项目的实际进度，并通过计划进度与实际进度进行比较，及时分析偏差产生的原因以及对工期的影响程度，采取有效措施，实现对项目进度的控制。卫生间给水排水管道安装模拟如图 6.1-5 所示。

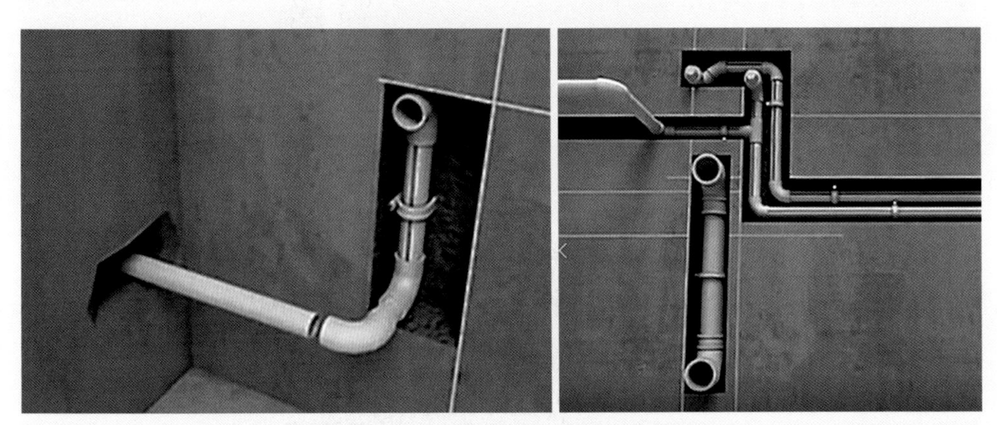

图 6.1-5　卫生间给水排水管道安装模拟

（5）BIM 综合管线的实施流程

设计交底及图纸会审→了解合同技术要求、征询业主意见→确定 BIM 深化设计内容及深度→制定 BIM 出图细则和出图标准、各专业管线优化原则→制定 BIM 详细的深化设计图纸送审及出图计划→机电初步 BIM 深化设计图提交→机电初步 BIM 深化设计图总包审核、协调、修改→图纸送监理、业主审核→机电综合管线平剖面图、机电预留预埋图、设备基础图、吊顶综合平面图绘制→图纸送监理、业主审核→ BIM 深化设计交底→现场施工→竣工图制作（图 6.1-6 ~ 图 6.1-9）。

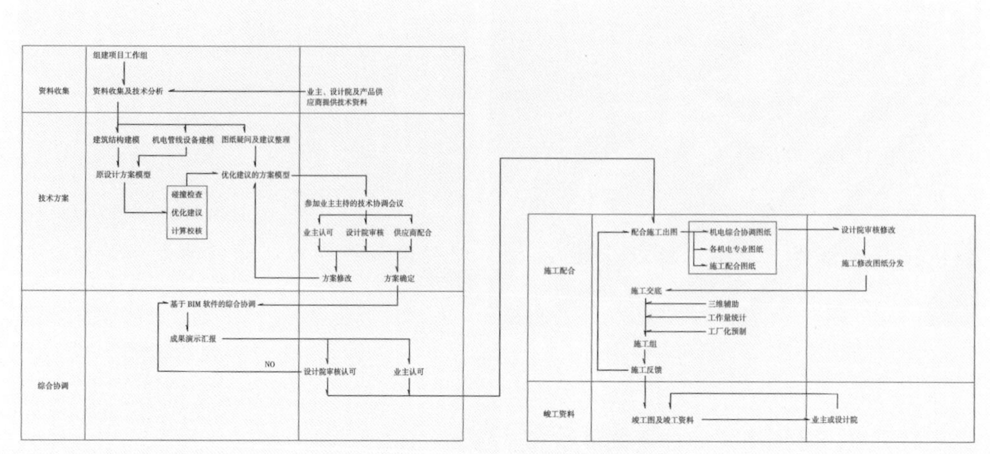

图 6.1-6　BIM 综合管线的实施流程

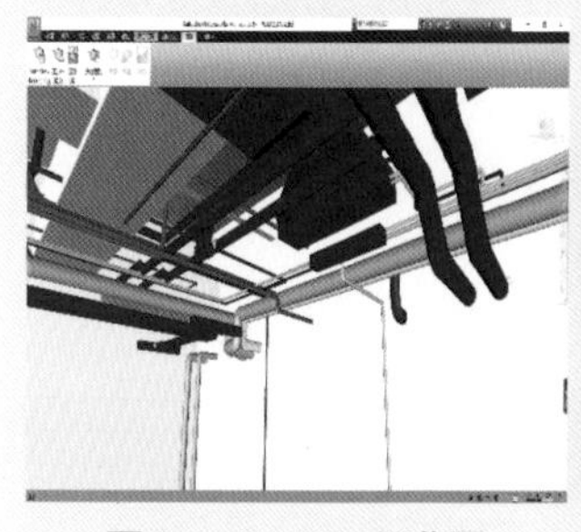

图 6.1-7　BIM 深化图

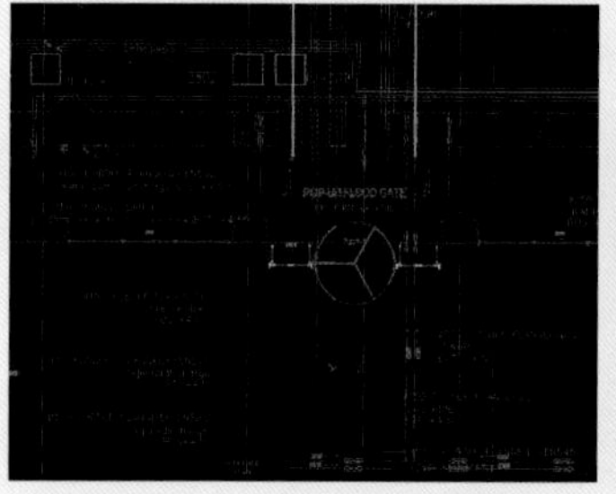

图 6.1-8　预留洞口施工图

图 6.1-9　预留洞口施工效果

6.1.2　技术指标

综合管线布置与施工技术应符合现行《建筑给水排水设计规范》GB 50015、《采暖通风与空气调节设计规范》GB 50019、《民用建筑电气设计规范》JGJ 16、《建筑通风和排烟系统用防火阀门》GB 15930、自动喷水灭火系统设计规范 GB 50084、《建筑给水及采暖工程施工质量验收规范》GB 50242、《通风与空调工程施工质量验收规范》GB 50243、《电气装置安装工程低压电器施工及验收规范》GB 50254、《给水排水管道工程施工及验收规范》GB 50268、《智能建筑工程施工规范》GB 50606、《消防给水及消火栓系统技术规范》GB 50974、《综合布线工程设计规范》GB 50311。

6.1.3　适用范围

适用于工业与民用建筑工程、城市轨道交通工程、电站等所有在建及扩建项目。

6.1.4　工程案例

深圳湾科技生态园 1、4、5 栋、广州地铁六号线如意坊站、深圳地铁 9 号线银湖站等机电安装工程。

6.2　导线连接器应用技术

6.2.1　技术内容

（1）技术特点

通过螺纹、弹簧片以及螺旋钢丝等机械方式，对导线施加稳定可靠的接触力。按结构分为：螺纹型连接器、无螺纹型连接器（包括：通用型和推线式两种结构）和扭接式连接器，其工艺特点见表 6.2–1，能确保导线连接所必需的电气连续、机械强度、保护措施以及检测维护 4 项基本要求。

表6.2–1　符合GB 13140系列标准的导线连接器产品特点说明

比较项目＼连接器类型	无螺纹型		扭接式	螺纹型
	通用型	推线式		
连接原理图例				
制造标准代号	GB 13140.3		GB 13140.5	GB 13140.2
连接硬导线（实心或绞合）	适用		适用	适用
连接未经处理的软导线	适用	不适用	适用	适用
连接焊锡处理的软导线	适用	适用	适用	不适用
连接器是否参与导电	参与		不参与	参与 / 不参与
IP 防护等级	IP20		IP20 或 IP55	IP20
安装工具	徒手或使用辅助工具		徒手或使用辅助工具	普通螺丝刀
是否重复使用	是		是	是

1）螺纹型连接器

依据《家用和类似用途低压电路用的连接器件 第 2 部分：作为独立单元的带螺纹型夹紧件的连接器件的特殊要求》GB 13140.2，螺纹型连接器按结构的不同，细分为：柱形端子螺纹型连接器、鞍形端子螺纹型连接器、罩式端子螺纹型连接器，常见的柱形端子螺纹型连接器如图 6.2–1、图 6.2–2 所示。

2）无螺纹型连接器（包括：通用型和推线式两种结构）

①通用型无螺纹型连接器（图 6.2–3 ～图 6.2–5）

②推线式无螺纹型连接器（图 6.2–6、图 6.2–7）

3）扭接式连接器（图 6.2–8、图 6.2–9）

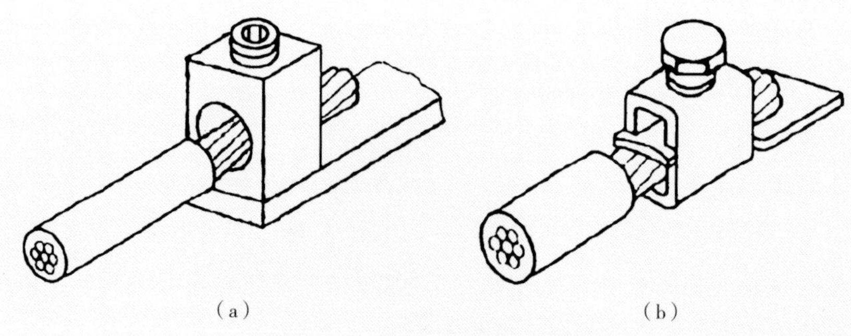

图 6.2-1　柱形端子螺纹型连接器

（a）直接施加压力的无压板柱形端子；（b）间接施加压力的无压板柱形端子

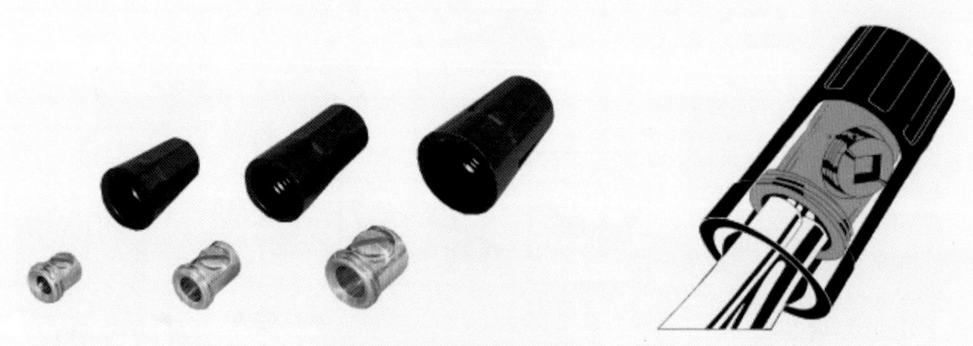

图 6.2-2　柱形端子螺纹型连接器实物

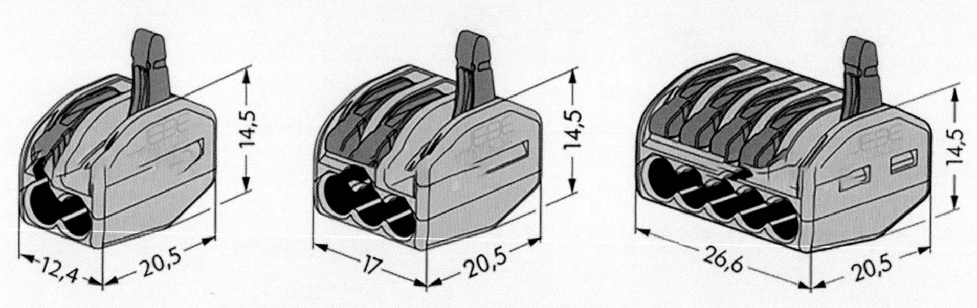

图 6.2-3　通用型无螺纹型连接器外形尺寸（单位：mm）

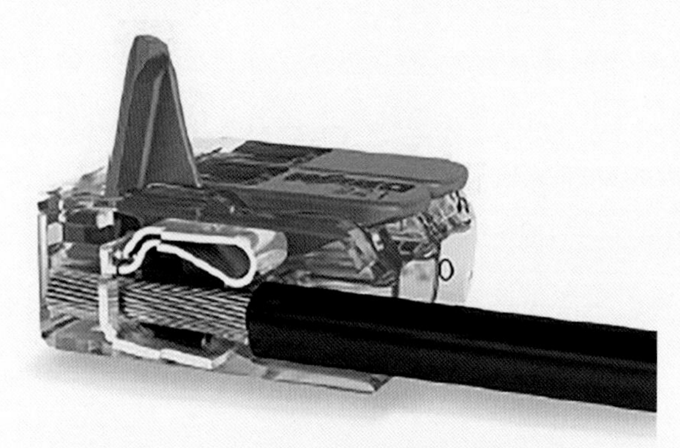

图 6.2-4　通用型无螺纹型连接器内部结构

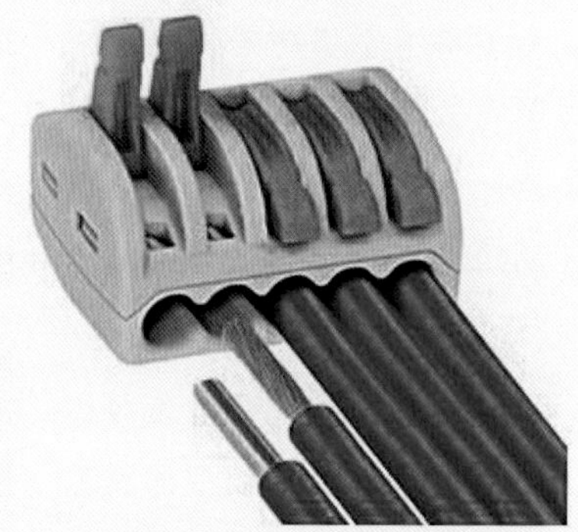

图 6.2-5　通用型无螺纹型连接器接线图

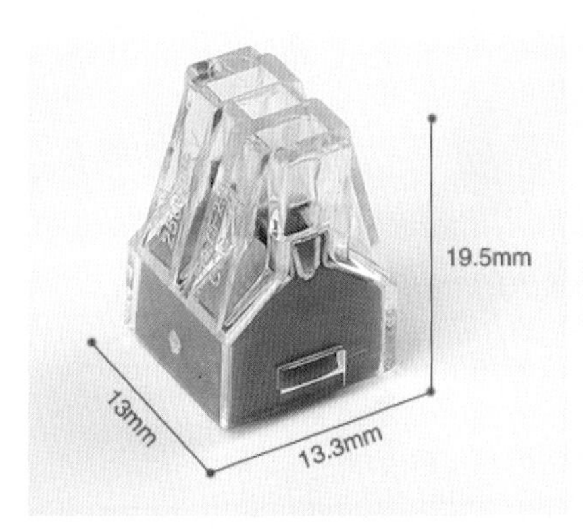

图 6.2-6　推线式无螺纹型连接器外形尺寸

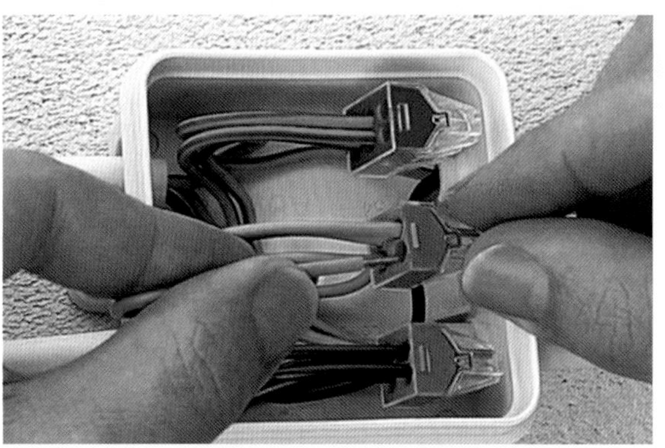

图 6.2-7　推线式无螺纹型连接器安装图

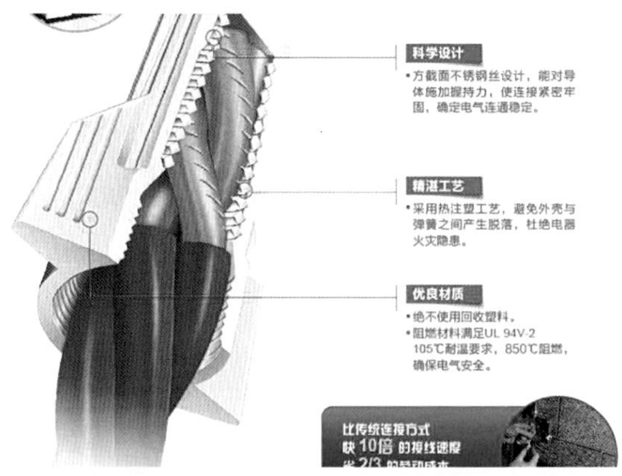

图 6.2-8　扭接式连接器原理图

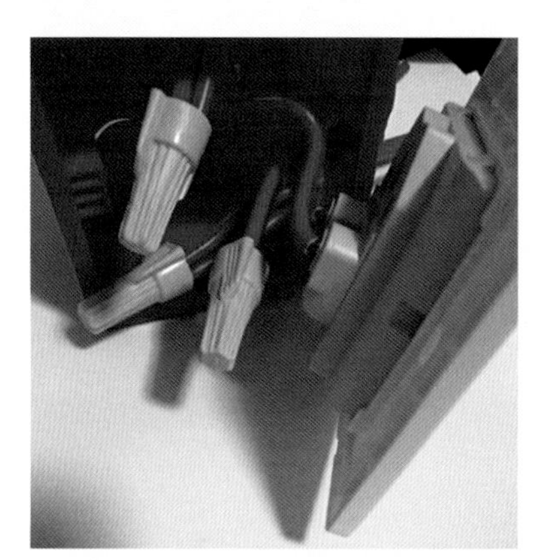

图 6.2-9　扭接式连接器安装图

（2）施工工艺

1）安全可靠：长期实践已证明此工艺的安全性与可靠性。

2）高效：由于不借助特殊工具、可完全徒手操作，使安装过程快捷，平均每个电气连接耗时仅 10s，为传统焊锡工艺的 1/30，节省人工和安装费用。

3）可完全代替传统锡焊工艺，不再使用焊锡、焊料、加热设备，消除了虚焊与假焊，导线绝缘层不再受焊接高温影响，避免了高举熔融焊锡操作的危险，接点质量一致性好，没有焊接烟气造成的工作场所环境污染。

主要施工方法：

1）根据被连接导线的截面积、导线根数、软硬程度，选择正确的导线连接器型号。

2）根据连接器型号所要求的剥线长度，剥除导线绝缘层。

3）按图 6.2-10 ～图 6.2-13 所示，安装或拆卸无螺纹型导线连接器。

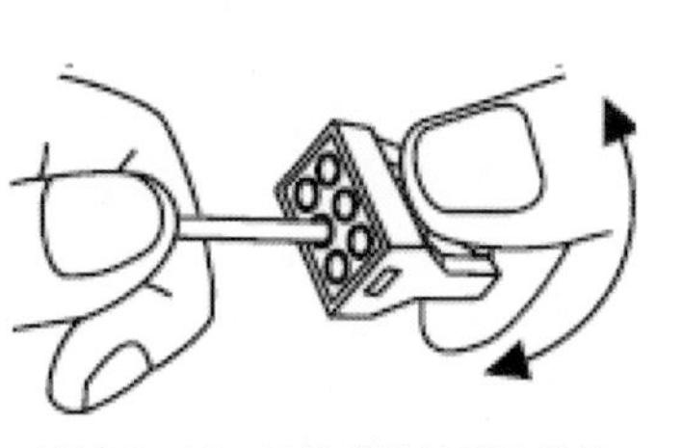

图 6.2-10　推线式连接器的导线安装或拆卸示意图

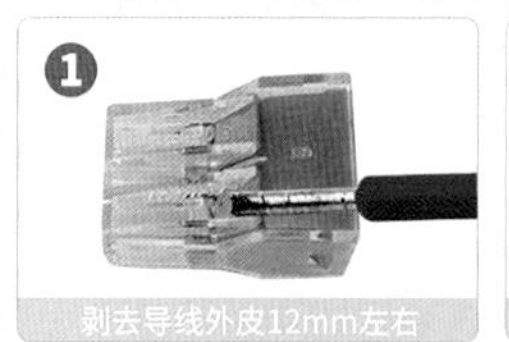

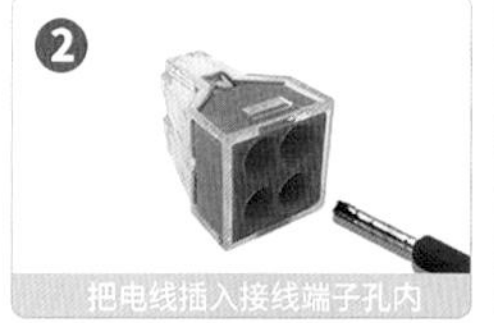

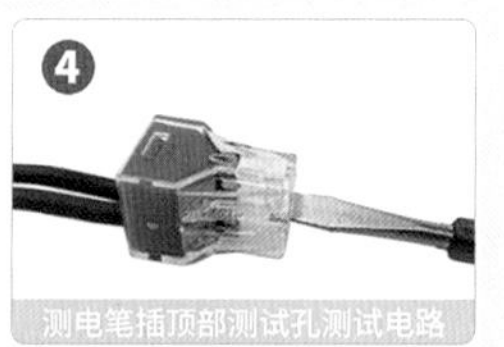

图 6.2-11　推线式无螺纹型连接器安装步骤

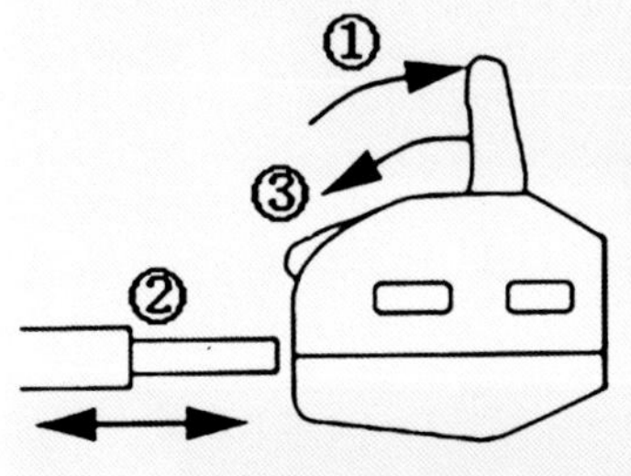

图 6.2-12　通用型连接器的导线安装或拆卸示意图

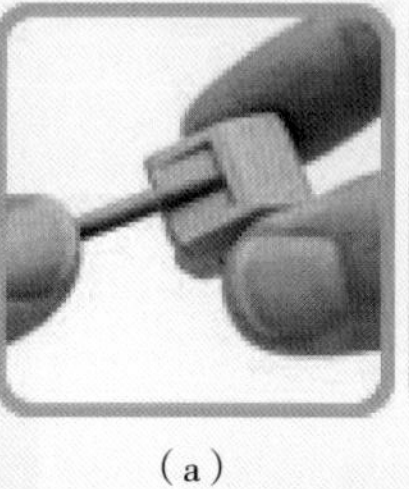

（a）　（b）

（c）

图 6.2-13　通用型无螺纹型连接器接线步骤

（a）剥线长度 9 ~ 10 mm；（b）将操作杆扳起，放入导线；（c）将操作杆压下恢复到原来位置，接线完毕

4）按图 6.2-14、图 6.2-15 所示，安装或拆卸扭接式导线连接器。

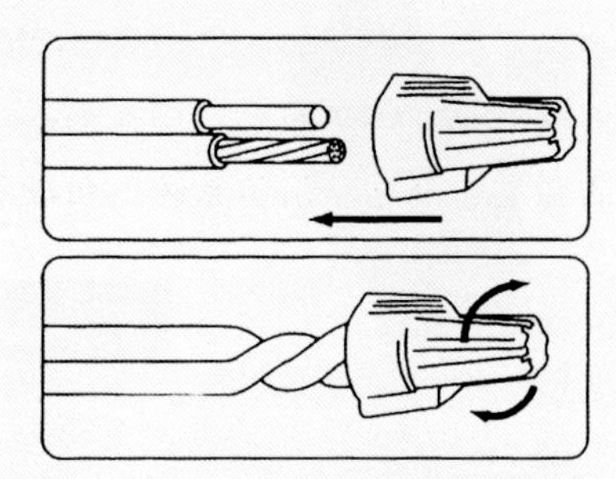

图 6.2-14　扭接式连接器的安装示意图

1 准备

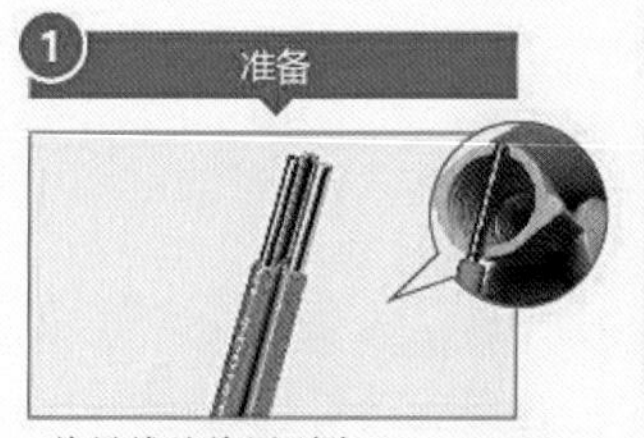

· 将导线绝缘层剥除 12 ~ 13mm，可借助连接器开口外径作参考，验证剥线长度

2 套接

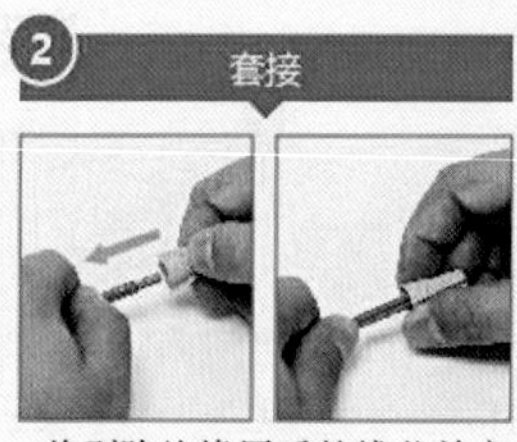

· 将剥除绝缘层后的线芯并齐，无需预绞拧，直接放入连接器

3 扭接

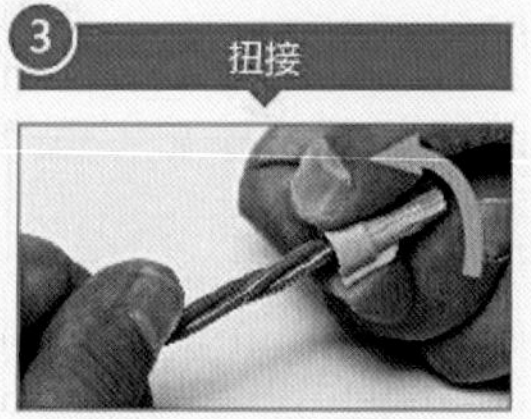

· 按图示箭头方向拧接至紧实

4 检查

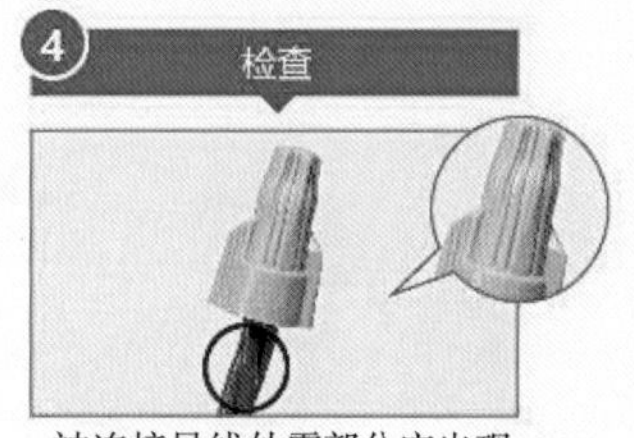

· 被连接导线外露部分应出现至少 1 圈扭绞状态

5 拆卸

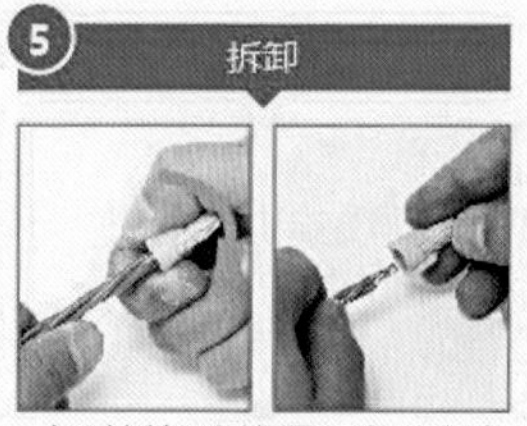

· 如需拆卸连接器，向反方向旋转即可

图 6.2-15　扭接式连接器安装步骤

以连接 1.5 ~ 2.5mm² 的导线为例（安装和更换前务必先断开电源）

6.2.2　技术指标

现行《建筑电气工程施工质量验收规范》GB 50303、《建筑电气细导线连接器应用技术规程》CECS421、《低压电气装置》（第5部分：电气设备的选择和安装第52章布线系统）GB 16895.6、《家用及类似用途低压电路用的连接器件》GB 13140。

6.2.3　适用范围

适用于额定电压交流1kV及以下和直流1.5kV及以下建筑电气细导线（6mm^{2}及以下的铜导线）的连接。

6.2.4　工程案例

广泛应用于各类电气安装工程中。

6.3　可弯曲金属导管安装技术

6.3.1　技术内容

可弯曲金属导管内层为热固性粉末涂料，粉末通过静电喷涂，均匀吸附在钢带上，经200℃高温加热液化再固化，形成致密又稳定的涂层，涂层自身具有绝缘、防腐、阻燃、耐磨损等特性，厚度为0.03mm。可弯曲金属导管是我国建筑材料行业新一代电线电缆外保护材料，已被编入设计、施工与验收规范，大量应用于建筑电气工程的强电、弱电、消防系统，明敷和暗敷场所，逐步成为一种较理想的电线电缆外保护材料（图6.3-1）。

（1）技术特点

1）可弯曲度好：优质钢带绕制而成，用手即可弯曲定型，减少机械操作工艺；

2）耐腐蚀性强：材质为热镀锌钢带，内壁喷附树脂层，双重防腐；

3）使用方便：裁剪、敷设快捷高效，可任意连接，管口及管材内壁平整光滑，无毛刺；

4）内层绝缘：采用热固性粉末涂料，与钢带结合牢固且内壁绝缘；

5）搬运方便：圆盘状包装，质量为同长度传统管材的1/3，搬运方便；

6）机械性能：双扣螺旋结构，异形截面，抗压、抗拉伸性能达到现行《电缆管理用导管系统 第1部分：通用要求》GB/T 20041.1的分类代码4重型标准。

（2）施工工艺

可弯曲金属导管基本型采用双扣螺旋结构、内层静电喷涂技术，防水型和阻燃型在基本型的基础上包覆防水、阻燃护套。使用时徒手施以适当的力即可将可弯曲金属导管弯曲到需要的程度，连接附件使用简单工具即可将导管等连接可靠。

1）明配的可弯曲金属导管固定点间距应均匀，管卡于设备、器具、弯头中点、管端等边缘的距离应小于0.3m；

2）暗配的可弯曲金属导管，应敷设在两层钢筋之间，并与钢筋绑扎牢固；管

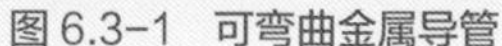

图 6.3-1　可弯曲金属导管

图 6.3-2　可弯曲金属导管安装图

子绑扎点间距不宜大于 0.5m，绑扎点距盒（箱）不应大于 0.3m（图 6.3-2）。

6.3.2　技术指标

（1）主要性能

1）电气性能：导管两点间过渡电阻小于 0.05Ω 标准值；

2）抗压性能：1250N 压力下扁平率小于 25%，可达到现行《电缆管理用导管系统 第 1 部分：通用要求》GB/T 20041.1 分类代码 4 重型标准要求；

3）拉伸性能：1000N 拉伸荷重下，重叠处不开口（或保护层无破损），可达到现行《电缆管理用导管系统 第 1 部分：通用要求》GB/T 20041.1 分类代码 4 重型标准要求；

4）耐腐蚀性：浸没在 1.186kg/L 的硫酸铜溶液，可达到现行《电缆管理用导管系统 第 1 部分：通用要求》GB/T 20041.1 的分类代码 4 内外均高标准要求；

5）绝缘性能：导管内壁绝缘电阻值，不低于 50MΩ。

（2）技术规范 / 标准

现行《建筑电气用可弯曲金属导管》JG/T 526、《电缆管理用导管系统 第 1 部分：通用要求》GB/T 20041.1、《电缆管理用导管系统 第 22 部分：可弯曲导管系统的特殊要求》GB 20041.22、《民用建筑电气设计标准》GB 51348、《1kV 及以下配线工程施工与验收规范》GB 50575、《低压配电设计规范》GB 50054、《火灾自动报警系统设计规范》GB 50116 和《建筑电气工程施工质量验收规范》GB 50303。

6.3.3　适用范围

适用于建筑物室内外电气工程强电、弱电、消防等系统的明敷和暗敷电气配管及作为导线、电缆末端与电气设备、槽盒、托盘、梯架、器具等连接的电气配管。

6.3.4　工程案例

沈阳桃仙机场 T3 航站楼、杭州高德置地（七星级酒店）、北京 CBD（阳光保险金融中心、韩国三星总部大楼）、北京丽泽商务区（中国铁物大厦、中国通用大厦）

等机电安装工程。

6.4　工业化成品支吊架技术

6.4.1　技术内容

装配式成品支吊架由管道连接的管夹构件、建筑结构连接的锚固件以及将这两种结构件连接起来的承载构件、减震（振）构件、绝热构件以及辅助安装件构成。该技术满足不同规格的风管、桥架、工艺管道的应用，特别是在错综复杂的管路定位和狭小管井、吊顶施工，更可发挥灵活组合技术的优越性。近年来，在机场、大型工业厂房等领域已开始应用复合式支吊架技术，可以相对有效地化解管线集中安装与空间紧张的矛盾。复合式管线支吊架系统具有吊杆不重复、与结构连接点少、空间节约、后期管线维护简单、扩容方便、整体质量及观感好等特点。特别是现行《建筑机电工程抗震设计规范》GB 50981 的实施，成品的抗震支吊架系统成为必选。各类工业化成品支吊架如图 6.4-1 所示。

（1）技术特点

根据 BIM 模型确认的机电管线排布，通过数据库快速导出支吊架型式，从供应商的产品手册中选择相应的成品支吊架组件，或经过强度计算，根据结果进行支吊架型材选型、设计、工厂制作装配式组合支吊架，在施工现场仅需简单机械化拼装即可成型，减少现场测量、制作工序，降低材料损耗率和安全隐患，实现施工现场绿色、节能。

主要技术先进性在于：

1）标准化：产品由一系列标准化构件组成，所有构件均采用成品，或由工厂采用标准化生产工艺，在全程严格的质量管理体系下批量生产，产品质量稳定，且具有通用性和互换性；

2）简易安装：一般只需 2 人即可进行安装，技术要求不高，安装操作简易、高效，明显降低劳动强度；

3）施工安全：施工现场无电焊作业产生的火花，从而消灭了施工过程中的火灾事故隐患；

4）节约能源：由于主材选用的是符合国际标准的轻型 C 型钢，在确保其承载能力的前提下，所用的 C 型钢质量相对于传统支吊架所用的槽钢、角钢等材料可减轻 15% ~ 20%，明显减少了钢材使用量，从而节约了能源消耗；

5）节约成本：由于采用标准件装配，可减少安装施工人员；现场无需电焊机、钻床、氧气乙炔装置等施工设备投入，能有效节约施工成本；

6）保护环境：无需现场焊接、无需现场刷油漆等作业，因而不会产生弧光、烟雾、异味等多重污染；

7）坚固耐用：经专业的技术选型和机械力学计算，且考虑足够的安全系数，确保其承载能力的安全可靠；

8）安装效果美观：安装过程中，由专业公司提供全程优质的服务，确保精致、简约的外观效果。

（2）施工工艺

1）支吊架安装应保持垂直，整齐牢固，无歪斜现象；

2）支吊架安装要根据管子位置找平、找正、找标高，生根要牢固，与管子接合要稳固；

3）支吊架要按施工图锚固于主体结构，要求拉杆无弯曲变形，螺纹完整且与螺母配合良好；

4）在混凝土基础上，用膨胀螺栓固定支吊架时，膨胀螺栓的打入必须达到规定的深度，特殊情况需做拉拔试验；

5）管道的固定支架应严格按照设计图纸安装；

6）导向支架和滑动支架的滑动面应洁净、平整，滚珠、滚轴、托辊等活动零件与其支撑件应接触良好，以保证管道能自由膨胀；

7）所有活动支架的活动部件均应裸露，不应被保温层覆盖；

8）有热位移的管道，在受热膨胀时，应及时对支吊架进行检查与调整；

9）恒作用力支吊架应按设计要求进行安装调整；

10）支架装配时应先整形后，再上锁紧螺栓；

11）支吊架调整后，各连接件的螺杆丝扣必须带满，锁紧螺母应锁紧，防止松动（图 6.4–2）；

12）支架间距应按设计要求正确装设（图 6.4–3）；

13）支吊架安装应与管道的安装同步进行；

14）支吊架安装施工完毕后应将支架擦拭干净,所有暴露的槽钢端均需装上封盖。

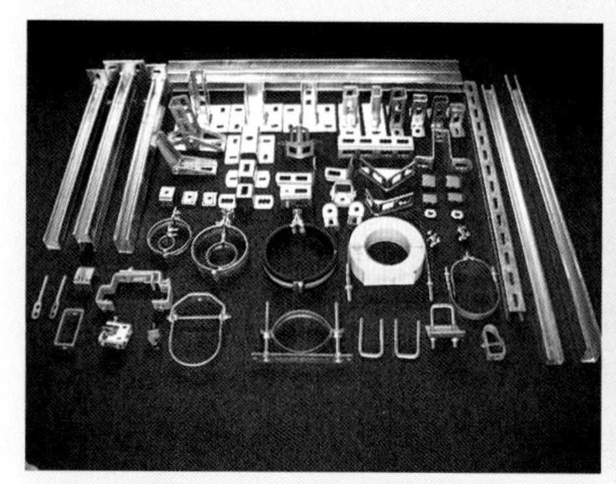

图 6.4–1　工业化成品支吊架

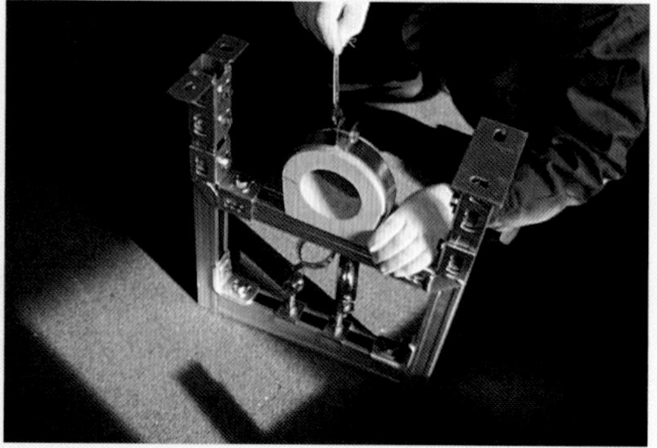

图 6.4–2　工业化成品支吊架安装图

（a）　　　　　　　　　　（b）

图 6.4-3　工业化成品支吊架安装效果图

6.4.2　技术指标

国家现行建筑标准设计图集《室内管道支架及吊架》03S402、《金属、非金属风管支吊架》08K132、《电缆桥架安装》04D701-3、《装配式室内管道支吊架的选用与安装》16CK208（参考图集）。

其他应符合现行《管道支吊架》GB/T 17116、《建筑机电工程抗震设计规范》GB 50981 的相关要求。

6.4.3　适用范围

适用于工业与民用建筑工程中多种管线在狭小空间场所布置的支吊架安装，特别适用于建筑工程的走道、地下室及走廊等管线集中的部位、综合管廊建设的管道、电气桥架管线、风管等支吊架的安装。

6.4.4　工程案例

雁栖湖国际会都（核心岛）会议中心、中国尊、上海国际金融中心、上海中心大厦、青岛国际贸易中心、苏州市花桥月亮湾地下管廊、上海光源、西安咸阳机场二期、国家会展中心（上海）、华晨宝马沈阳工厂等机电安装工程。

6.5　机电管线及设备工厂化预制技术

6.5.1　技术内容

工厂模块化预制技术是将建筑给水排水、供暖、电气、智能化、通风与空调工程等领域的建筑机电产品按照模块化、集成化的思想，从设计、生产到安装和调试深度结合集成，通过模块化及集成技术对机电产品进行规模化的预加工，工厂化流水线制作生产，从而实现建筑机电安装标准化、产品模块化及集成化。利用这种技术，不仅能提高生产效率和质量水平，降低建筑机电工程建造成本，还能减少现场施工工程量、缩短工期、减少污染、实现建筑机电安装全过程绿色施工。如：

（1）管道工厂化预制施工技术：采用软件硬件一体化技术，详图设计采用“管道预制设计系统”软件，实现管道单线图和管段图的快速绘制；预制管道采用“管道预制安装管理系统”软件，实现预制全过程、全方位的信息管理。采用机械坡口、自动焊接，并使用厂内物流系统，整个预制过程形成流水线作业，提高了工作效率。可采用移动工作站预制技术，运用自动切割、坡口、滚槽、焊接机械和辅助工装，快速组装形成预制工作站，在施工现场建立作业流水线，进行管道加工和焊接预制（图 6.5-1）。

管板焊接设备系列

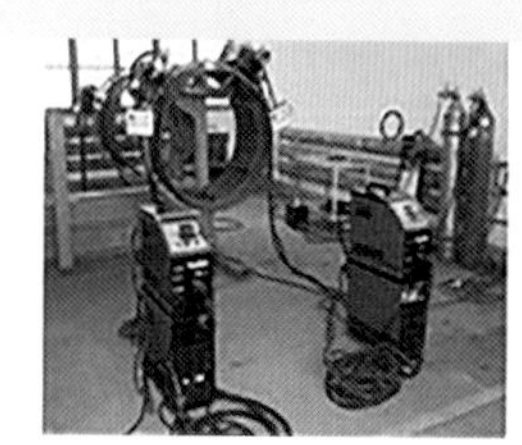
长输管道设备系列

管道预制生产线系列

管道预制工作站系列

管道切割设备系列

管道坡口设备系列

管道组对设备系列

管道焊接设备系列

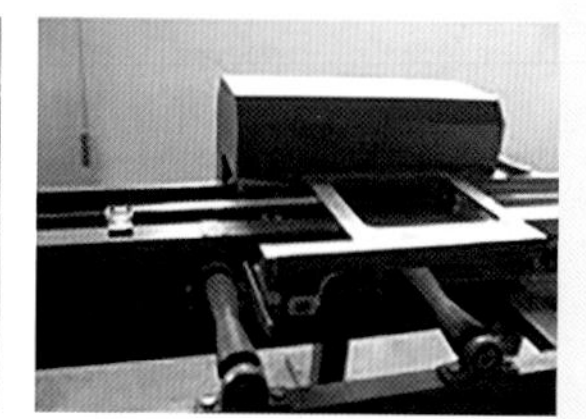
管道辅助设备系列

管道输送设备系列

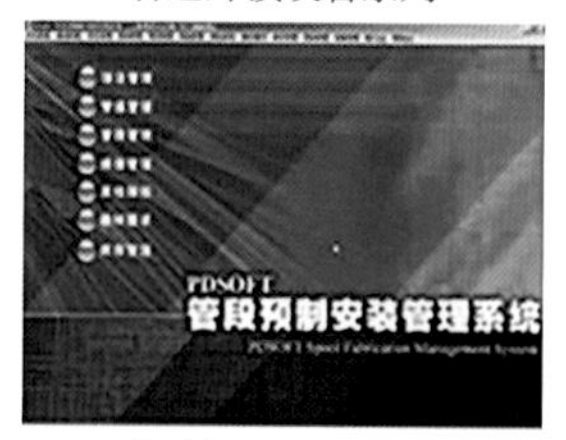

管道辅助软件系列

管道培训服务系列

图 6.5-1　管道工厂化预制施工流程

（2）对于机房机电设施采用标准的模块化设计，使泵组、冷水机组等设备形成自成支撑体系的、便于运输安装的单元模块。采用模块化制作技术和施工方法，改变了传统施工现场放样、加工焊接连接作业的方法（图 6.5-2）。

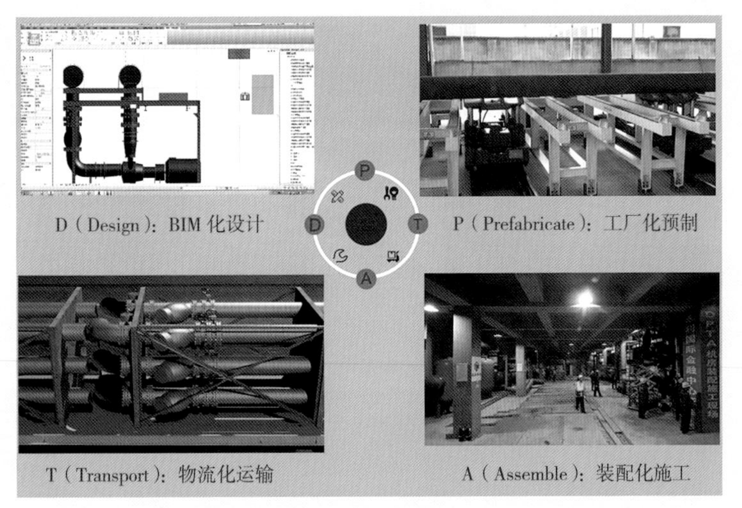

图 6.5-2　机房机电设施模块化设计、施工流程

（3）将大型机电设备拆分成若干单元模块制作，在工厂车间进行预拼装、现场分段组装（图 6.5-3）。

图 6.5-3　大型机电装置模块化设计、施工流程

（4）对厨房、卫生间排水管道进行同层模块化设计，形成一套排水节水装置，以便于实现建筑排水系统工厂化加工、批量生产以及快速安装；同时有效解决厨房、卫生间排水管道漏水、出现异味等问题（图 6.5-4）。

（5）主要工艺流程：研究图纸→ BIM 分解优化→放样、下料、预制→预拼装→防腐→现场分段组对→安装就位。

6.5.2　技术指标

（1）将建筑机电产品现场制作安装工作前移，实现工厂加工与现场施工平行作业，减少施工现场时间和空间的占用；

（2）模块适用尺寸：公路运输控制在 3100mm × 3800mm × 18000mm 以内；船

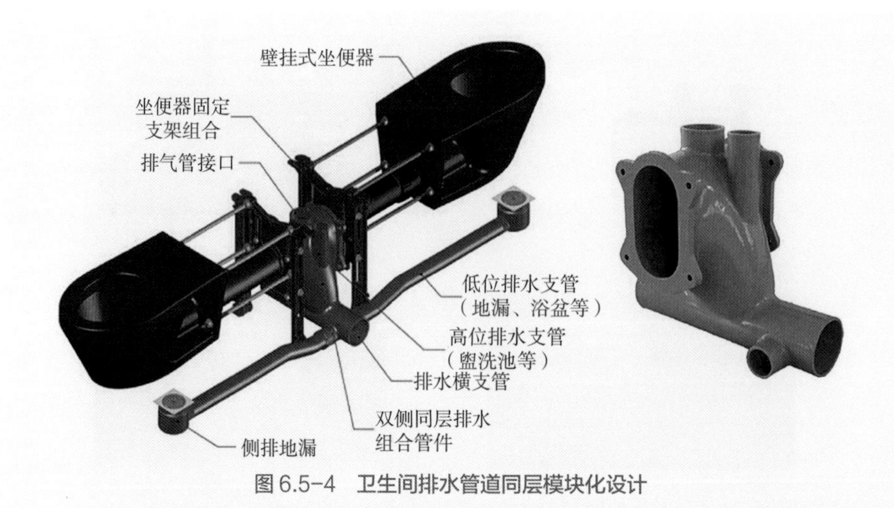

图 6.5-4　卫生间排水管道同层模块化设计

运控制在 6000mm × 5000mm × 50000mm 以内。若模块在港口附近安装，无运输障碍，模块尺寸可根据具体实际情况进一步加大；

（3）模块重量：公路运输一般控制在 40t 以内，也应根据施工现场起重设备的具体实际情况有所调整。

6.5.3　适用范围

适用于大、中型民用建筑工程、工业工程的设备、管道、电气安装，尤其适用于高层的办公楼、酒店、住宅。

6.5.4　工程案例

上海环球金融中心、上海国际博览中心、华润深圳湾国际商业中心、青岛丽东化工有限公司芳烃装置、神华煤直接液化装置、河北海伟石化 50 万 /t 年丙烷脱氢装置、上海东方体育中心、上海中山医院、南京雨润大厦、天津北洋园等机电安装工程。

6.6　薄壁金属管道新型连接安装施工技术

6.6.1　技术内容

（1）铜管机械密封式连接

1）卡套式连接：是一种较为简便的施工方式，操作简单，掌握方便，是施工中常见的连接方式，连接时只要管子切口的端面能与管子轴线保持垂直，切口处毛刺清理干净，管件装配时卡环的位置正确，并将螺母旋紧，就能实现铜管的严密连接，主要适用于管径 50mm 以下的半硬铜管的连接（图 6.6-1、图 6.6-2）。

2）插接式连接：一种最简便的施工方法，只要将管子切口的端面与管子轴线保持垂直并去除毛刺，用力插入管件到底即可，此种连接方法是靠专用管件中的不锈钢夹固圈将钢壁禁锢在管件内，利用管件内与铜管外壁紧密配合的 O 形橡胶圈来实施密封的，主要适用于管径 25mm 以下的铜管的连接（图 6.6-3）。

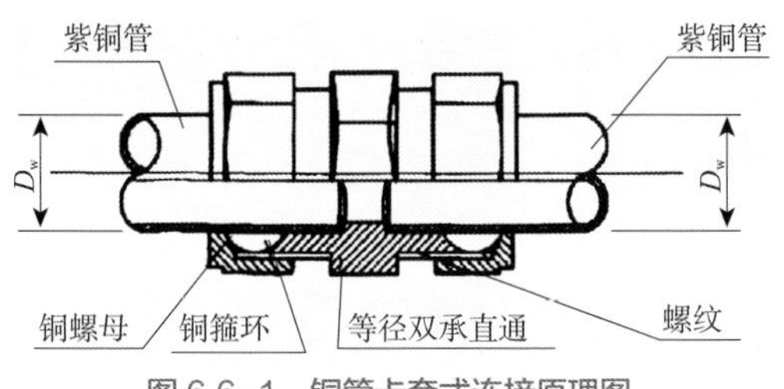

图 6.6-1　铜管卡套式连接原理图

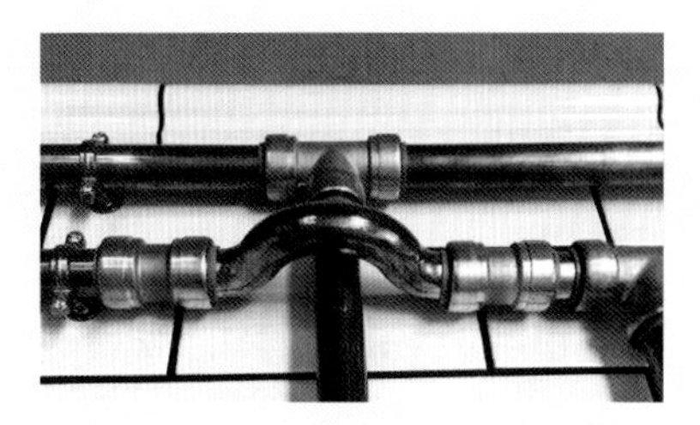

图 6.6-2　铜管卡套式连接效果图

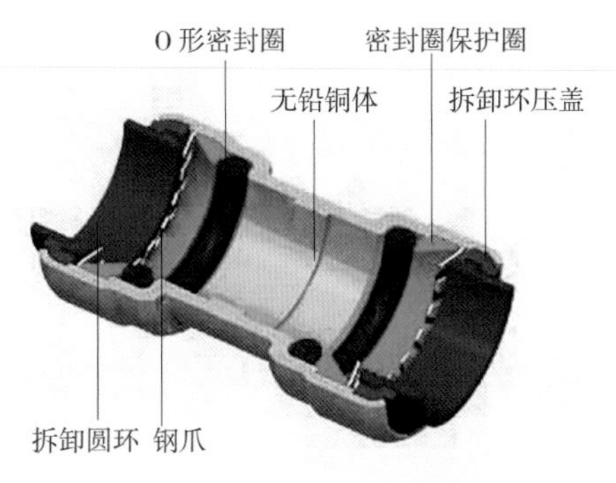

图 6.6-3　铜管插接式连接原理图

3）压接式连接：一种较为先进的施工方式，操作也较简单，但需配备专用的且规格齐全的压接机械。连接时管子的切口端面与管子轴线保持垂直，并去除管子的毛刺，然后将管子插入管件到底，再用压接机械将铜管与管件压接成一体。此种连接方法是利用管件凸缘内的橡胶圈来实施密封的，主要适用于管径 50mm 以下的铜管的连接（图 6.6-4、图 6.6-5）。

图 6.6-4　铜管压接式连接原理图

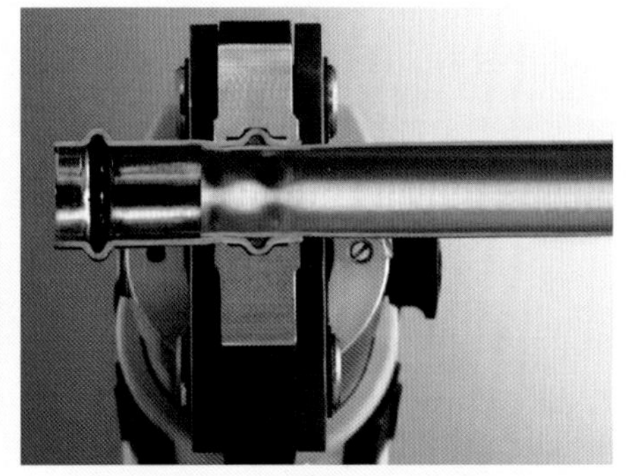

图 6.6-5　铜管压接式连接

（2）薄壁不锈钢管机械密封式连接

1）卡压式连接：配管插入管件承口（承口 U 形槽内带有橡胶密封圈）后，用专用卡压工具压紧管口形成六角形而起密封和紧固作用的连接方式（图 6.6-6、图 6.6-7）。

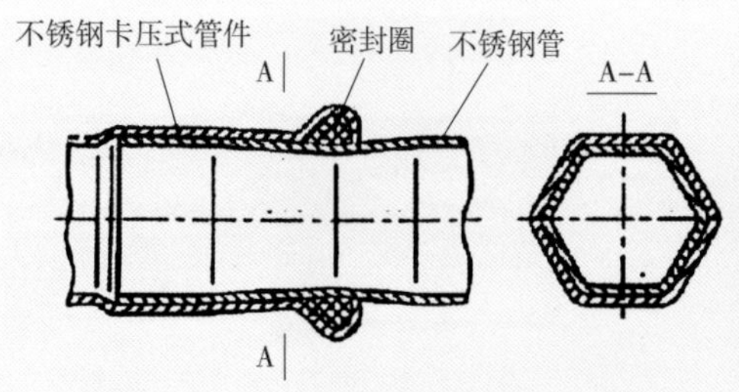

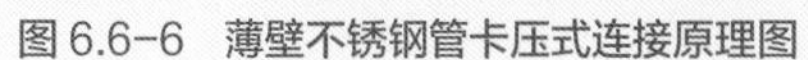
图 6.6-6　薄壁不锈钢管卡压式连接原理图

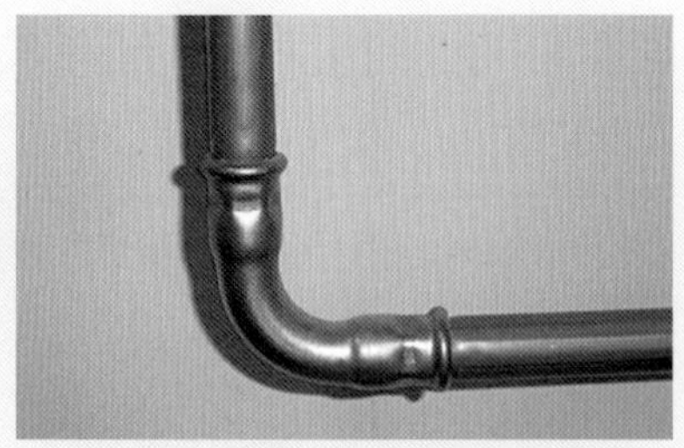
图 6.6-7　薄壁不锈钢管卡压式连接

2）卡凸式螺母型连接：以专用扩管工具在薄壁不锈钢管端的适当位置，由内壁向外（径向）辊压使管子形成一道凸缘环，然后将带锥台形三元乙丙密封圈的管子插进带有承插口的管件中，拧紧锁紧螺母时，靠凸缘环推进压缩三元乙丙密封圈而起密封作用（图 6.6-8、图 6.6-9）。

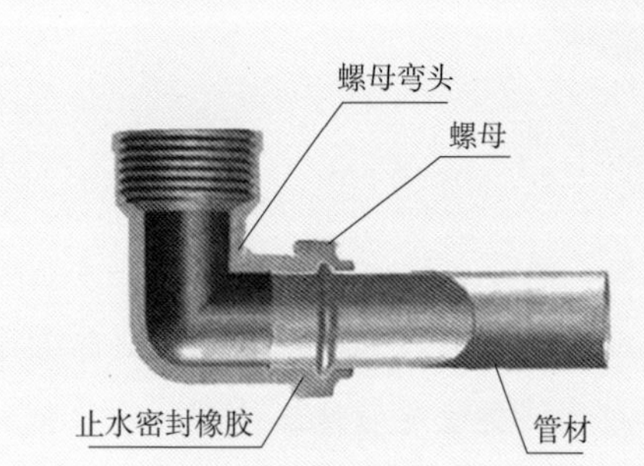

图 6.6-8　薄壁不锈钢管卡凸式螺母型连接原理

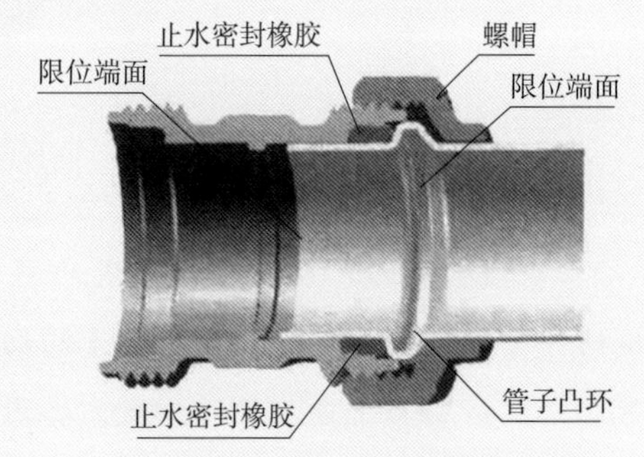

图 6.6-9　薄壁不锈钢管卡凸式螺母型连接原理图

3）环压式连接：环压连接是一种永久性机械连接，首先将套好密封圈的管材插入管件内，然后使用专用工具对管件与管材的连接部位施加足够大的径向压力，使管件、管材发生形变，并使管件密封部位形成一个封闭的密封腔，然后再进一步压缩密封腔的容积，使密封材料充分填充整个密封腔，从而实现密封，同时将管件嵌入管材使管材与管件牢固连接（图 6.6-10 ~ 图 6.6-12）。

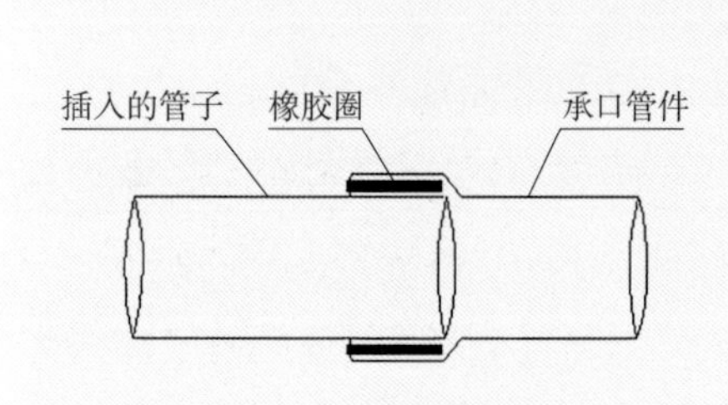

图 6.6-10　薄壁不锈钢管环压前

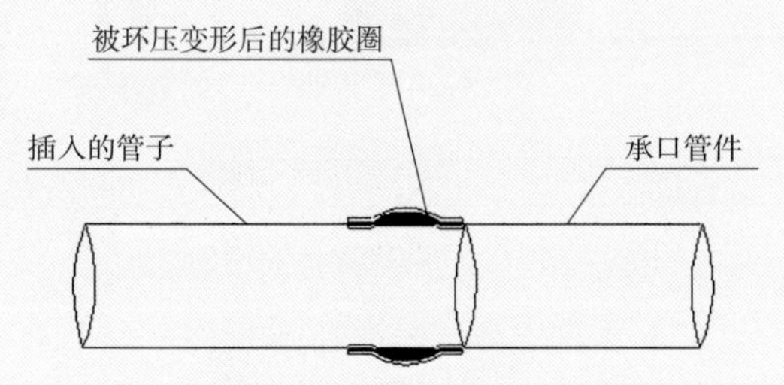

图 6.6-11　薄壁不锈钢管环压成型后

图 6.6-12 薄壁不锈钢管环压成型后

6.6.2 技术指标

应按设计要求的标准执行，无设计要求时，按现行《建筑给水排水及采暖工程施工质量验收规范》GB 50242、《建筑铜管管道工程连接技术规程》CECS 228 和《薄壁不锈钢管道技术规范》GB/T 29038 执行。

6.6.3 适用范围

适用于给水、热水、饮用水、燃气等管道的安装。

6.6.4 工程案例

应用薄壁不锈钢管较典型的工程有：人民大会堂冷热水、中华人民共和国财政部办公楼直饮水、上海世博会中国馆、北京广安贵都大酒店（五星）、广州白云宾馆、广州亚运城、杭州千岛湖别墅等机电安装工程。

应用薄壁铜管较典型的工程有：烟台世茂 T1 酒店、天津世茂酒店、沈阳世茂 T6 酒店等机电安装工程。

6.7 内保温金属风管施工技术

6.7.1 技术内容

（1）技术特点

内保温金属风管是在传统镀锌薄钢板法兰风管制作过程中，在风管内壁粘贴保温棉，风管口径为粘贴保温棉后的内径，并且可通过数控流水线实现全自动生产。该技术的运用，省去了风管现场保温施工工序，有效提高现场风管安装效率，且风管采用全自动生产流水线加工，产品质量可控。

（2）施工工艺

相对普通薄钢板法兰风管的制作流程，在风管咬口制作和法兰成型后，为贴附内保温材料，多了喷胶、贴棉和打钉三个步骤，然后进行板材的折弯和合缝，其他步骤两者完全相同。这三个工序被整合到了整套流水线中，生产效率几乎与薄钢板法兰风管相当。为防止保温棉被吹散，要求金属风管内壁涂胶满布率 90% 以上，管内气流速度不得超过 20.3m/s。此外，内保温金属风管还有以下施工要点，见表 6.7-1。

表6.7-1 内保温金属风管的施工要点

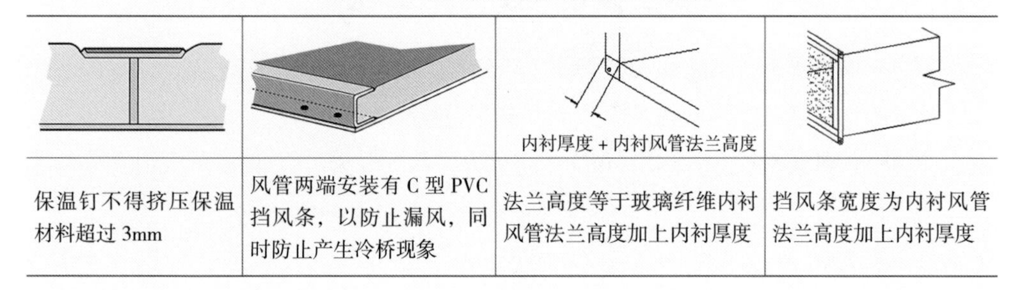

保温钉不得挤压保温材料超过 3mm	风管两端安装有 C 型 PVC 挡风条，以防止漏风，同时防止产生冷桥现象	法兰高度等于玻璃纤维内衬风管法兰高度加上内衬厚度	挡风条宽度为内衬风管法兰高度加上内衬厚度

1）在安装内衬风管之前，首先要检查风管内衬的涂层是否存在破损、有无受到污染等，若发现以上情况，需进行修补或者直接更换一节完好的风管进行安装。

2）内衬风管的安装与薄钢板法兰风管安装工艺基本一致，先安装风管支吊架，风管支吊架间距按相关规定执行，风管可根据现场实际情况采取逐节吊装或者在地面拼装一定长度后整体吊装（图 6.7–1、图 6.7–2）。

图 6.7–1　内保温金属风管安装过程

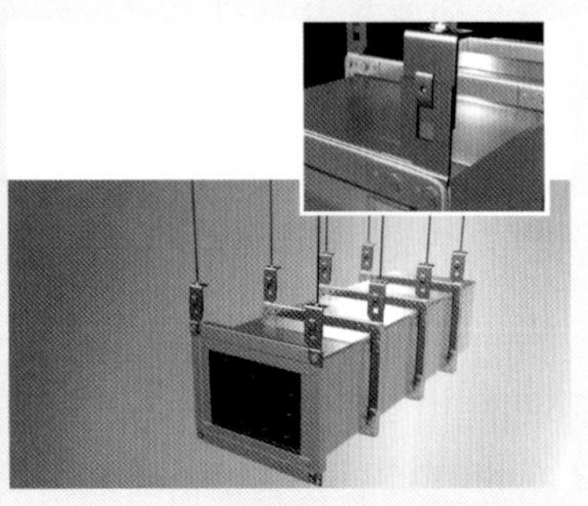

图 6.7–2　内保温金属风管效果图

3）内保温风管与外保温风管、设备以及风阀等连接时，法兰高度可按表 6.2–1 的要求进行调整，或者采用大小头连接。

4）风管安装完毕后进行漏风量测试，要注意的是，导致风管严密性不合格的主要因素在于风管挡风条的安装与法兰边没有对齐，以及没有选用合适宽度的法兰垫料或者垫料粘贴时不够规范。

5）风管运输及安装过程中应注意防潮、防尘。

6.7.2　技术指标

1）风管系统强度及严密性指标，应满足现行《通风与空调工程施工质量验收规范》GB 50243 要求；

2）风管系统保温及耐火性能指标，应分别满足现行《通风与空调工程施工质量验收规范》GB 50243 和《通风管道技术规程》JGJ 141 要求；

3）内保温风管金属风管的制作与安装，可参考国家建筑标准设计图集《非金属风管制作与安装》15K114 的相关规定；

4）内衬保温棉及其表面涂层，应当采用不燃材料，采用的胶粘剂应为环保无毒型。

6.7.3　适用范围

适用于低、中压空调系统风管的制作安装，净化空调系统、防排烟系统等除外。

6.7.4　工程案例

上海迪士尼乐园梦幻世界、青岛部分地铁 3 号线 1 标段、中海油大厦（上海）等机电安装工程。

6.8　金属风管预制安装施工技术

6.8.1　金属矩形风管薄钢板法兰连接技术

6.8.1.1　技术内容

（1）技术特点

金属矩形风管薄钢板法兰连接技术，代替了传统角钢法兰风管连接技术，已在国外有多年的发展和应用，并形成了相应的规范和标准。采用薄钢板法兰连接技术不仅能节约材料，而且通过新型自动化设备生产使得生产效率提高、制作精度高、风管成型美观、安装简便，相比传统角钢法兰连接技术可节约劳动力 60% 左右，节约型钢、螺栓 65% 左右，而且由于不需防腐施工，减少了对环境的污染，具有较好的经济、社会与环境效益。

（2）施工工艺

金属矩形风管薄钢板法兰连接技术，根据加工形式不同分为两种：一种是法兰与风管壁为一体的形式，称之为“共板法兰”（图 6.8−1）；另一种是薄钢板法兰用专用组合式法兰机制作成法兰的形式，根据风管长度下料后，插入制作好的风管管壁端部，再用铆（压）接连为一体，称之为“组合式法兰”（图 6.8−2）。通过“共板法兰”风管自动化生产线，将卷材开卷、板材下料、冲孔（倒角）、辊压咬口、辊压法兰、折方等工序，制成半成品薄钢板法兰直风管管段。风管三通、弯头等异形配件通过数控等离子切割设备自动下料。

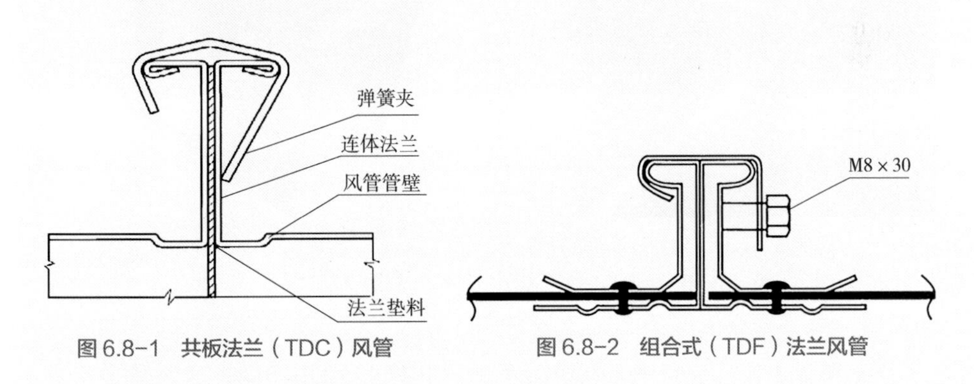

图 6.8−1　共板法兰（TDC）风管　　图 6.8−2　组合式（TDF）法兰风管

1）薄钢板法兰风管板材厚度 0.5 ~ 1.2mm，风管下料宜采用单片、L 形或口形方式。金属风管板材连接形式有：单咬口（适用于低、中、高压系统）、联合角咬口（适用于低、中、高压系统矩形风管及配件四角咬接）、转角咬口（适用于低、中、高压系统矩形风管及配件四角咬接）、按扣式咬口（低、中压矩形风管或配件四角咬接、低压圆形风管）。

2）当风管大边尺寸、长度及单边面积超出规定的范围时，应对其进行加固，加固方式有通丝加固、套管加固、Z 形加固、V 形加固等方式。

3）风管制作完成后，进行四个角连接件的固定，角件与法兰四角接口的固定应稳固、紧贴，断面应平整。固定完成后需要打密封胶，密封胶应保证弹性、黏着和防霉特性（图 6.8–3、图 6.8–4）。

图 6.8–3　共板法兰（TDC）风管角连接件固定

图 6.8–4　共板法兰（TDC）风管法兰中间固定

4）薄钢板法兰风管的连接方式应根据工作压力及风管尺寸合理选用，用专用工具将法兰弹簧卡固定在两节风管法兰处，或用顶丝卡固定两节风管法兰，弹簧卡、顶丝卡不应有松动现象（图 6.8–5、图 6.8–6）。

图 6.8–5　组合式（TDF）法兰风管角连接件

图 6.8–6　组合式（TDF）法兰风管管段

6.8.1.2　技术指标

应符合现行《通风与空调工程施工质量验收规范》GB 50243、《通风与空调工程施工规范》GB 50738、《通风管道技术规程》JGJ 141 相关规定。

6.8.1.3　适用范围

金属矩形风管薄钢板法兰连接技术适用于通风空调系统中工作压力不大于 1500Pa 的非防排烟系统、风管边长尺寸不大于 1500mm（加固后为 2000mm）的薄钢板法兰矩形风管的制作与安装；对于风管边长尺寸大于 2000mm 的风管，应根据《通风管道技术规程》JGJ 141 采用角钢或其他形式的法兰风管。采用薄钢板法兰风管时，应由设计院与施工单位研究制定措施，以满足风管的强度和变形量要求。

6.8.1.4　工程案例

国家会展中心（上海）、中国尊、杭州国际博览中心等机电安装工程。

6.8.2　金属圆形螺旋风管制安技术

6.8.2.1　技术内容

（1）技术特点

螺旋风管又称螺旋咬缝薄壁管，由条带形薄板螺旋卷绕而成，与传统金属风管（矩形或圆形）相比，具有无焊接、密封性能好、强度刚度好、通风阻力小、噪声低、造价低、安装方便、外观美观等特性。根据使用材料的材质不同，主要有镀锌螺旋风管、不锈钢螺旋风管、铝螺旋风管。螺旋风管制安机械自动化程度高、加工制作速度快，在发达国家已得到了长足的发展。

（2）施工工艺

金属圆形螺旋风管采用流水线生产，取代手工制作风管的全部程序和进程，使用宽度为 138mm 的金属卷材为原料，以螺旋的方式实现卷圆、咬口、合缝压实一次顺序完成，加工速度为 4 ~ 20m/min。金属圆形螺旋风管一般是以 3 ~ 6m 为标准长度。弯头、三通等各类管件采用等离子切割机下料，直接输入管件相关参数即可精确快速切割管件展开板料；用缀缝焊机闭合板料和拼接各类金属板材，接口平整，不破坏板材表面；用圆形弯头成形机自动进行弯头咬口合缝，速度快，合缝密实平滑。螺旋风管生产线如图 6.8-7 所示，螺旋风管管件如图 6.8-8 所示，安装完成后的螺旋风管如图 6.8-9 所示。

图 6.8-7　螺旋风管生产线

图 6.8-8　螺旋风管管件

图 6.8-9　螺旋风管

螺旋风管的螺旋咬缝，可以作为加强筋，增加风管的刚性和强度。直径 1000m 以下的螺旋风管可以不另设加固措施；直径大于 1000mm 的螺旋风管可在每两个咬缝之间再增加一道楞筋，作为加固方法。

金属圆形螺旋风管通常采用承插式芯管连接及法兰连接（图 6.8-10）。承插式芯管用与螺旋风管同材质的宽度为 138mm 金属钢带卷圆，在芯管中心轧制宽 5mm 的楞筋，两侧轧制密封槽，内嵌阻燃 L 形密封条。内接制作技术要求见表 6.8-1。

承插式芯管制作示意图如图 6.8-10 所示。

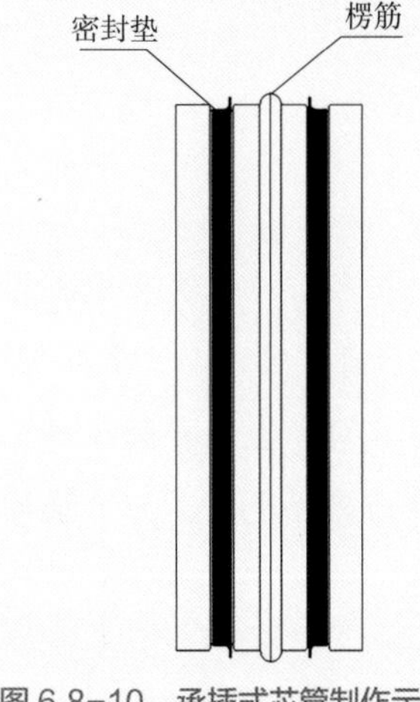

图 6.8-10　承插式芯管制作示意图

表6.8-1　内接制作技术要求

接管口径（mm）	内接板厚（mm）	内接口径（mm）
500	1.0	498
600	1.0	598
700	1.0	698
800	1.2	798
900	1.2	898
1000	1.2	998
1200	1.75	1196
1400	1.75	1396
1600	2.0	1596
1800	2.0	1796
2000	2.0	1996

采用法兰连接时，将圆法兰内接于螺旋风管。法兰外边略小于螺旋风管内径 1 ~ 2mm，同规格法兰具有可换性。法兰连接多用于防排烟系统，采用不燃的耐温防火填料，相比芯管连接密封性能更好。

主要施工方法：

1）划分管段：根据施工图和现场实际情况，将风管系统划分为若干管段，并确定每段风管连接管件和长度，尽量减少空中接口数量。

2）芯管连接：将连接芯管插入金属螺旋风管一端，直至插入至楞筋位置，从内向外用铆钉固定。

3）风管吊装：金属螺旋风管支架间距约 3 ~ 4m，每吊装一节螺旋风管设一个支架，风管吊装后用扁钢抱箍托住风管，根据支吊架固定点的结构形式设置一个或者两个吊点，将风管调整就位。

4）风管连接：芯管连接时，将金属螺旋风管的连接芯管端插入另一节未连接芯管端，均匀推进，直至插入至楞筋位置，连接缝用密封胶密封处理。法兰连接时，将两节风管调整角度，直至法兰的螺栓孔对准，连接螺栓，螺栓需安装在同侧。

5）风管测试：根据风管系统的工作压力做漏风量检测。

6.8.2.2　技术指标

应符合现行《通风与空调工程施工质量验收规范》GB 50243、《通风与空调工程施工规范》GB 50738、《通风管道技术规程》JGJ 141 相关规定。

6.8.2.3　适用范围

适用于送风、排风、空调风及防排烟系统金属圆形螺旋风管制作安装。

1）用于送风、排风系统时，应采用承插式芯管连接方式；

2）用于空调送回风系统时，应采用双层螺旋保温风管，内芯管外抱箍连接方式；

3）用于防排烟系统时，应采用法兰连接方式。

6.8.2.4 工程案例

国家会展中心（上海）、杭州国际博览中心等机电安装工程。

6.9 超高层垂直高压电缆敷设技术

6.9.1 技术内容

（1）技术特点

在超高层供电系统中，有时采用一种特殊结构的高压垂吊式电缆，这种电缆不论多长、多重，都能靠自身支撑自重，解决了普通电缆在长距离的垂直敷设中容易被自身重量拉伤的问题。它由上水平敷设段、垂直敷设段、下水平敷设段组成，其结构为：电缆在垂直敷设段带有3根钢丝绳，并配吊装圆盘，钢丝绳用扇形塑料包覆，与三根电缆芯绞合，水平敷设段电缆不带钢丝绳。吊装圆盘为整个吊装电缆的核心部件，由吊环、吊具本体、连接螺栓和钢板卡具组成，其作用是在电缆敷设时承担吊具的功能并在电缆敷设到位后承载垂直段电缆的全部重量，电缆承重钢丝绳与吊具连接采用锌铜合金浇铸工艺。高压垂吊式电缆结构图如图 6.9–1 所示，电缆与吊具安装示意图如图 6.9–2 所示。

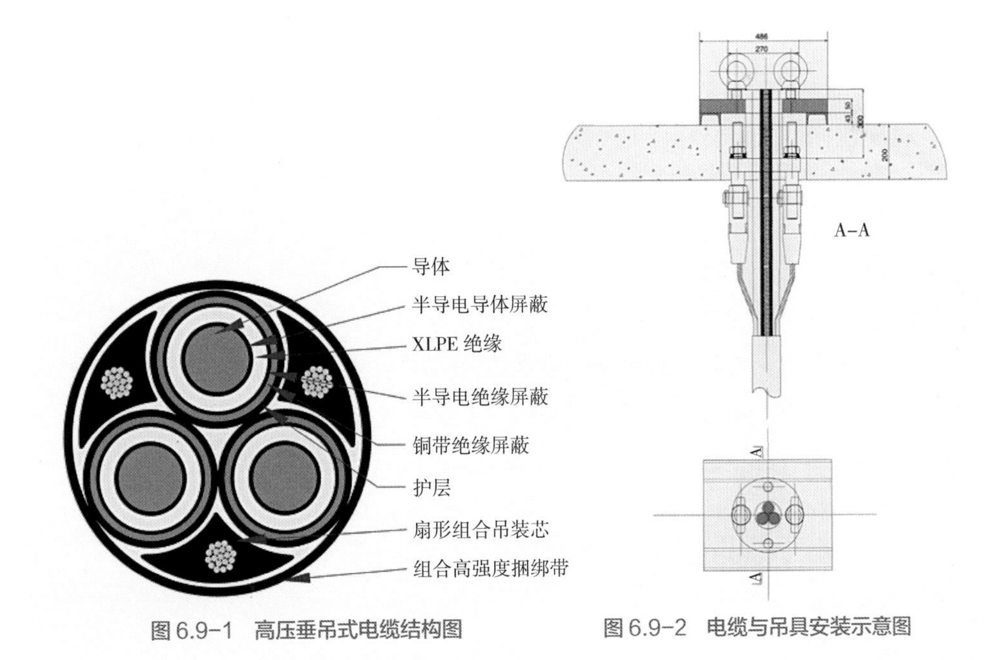

图 6.9–1 高压垂吊式电缆结构图　　图 6.9–2 电缆与吊具安装示意图

（2）施工工艺

1）利用多台卷扬机吊运电缆，采用自下而上垂直吊装敷设的方法。

2）对每个井口的尺寸及中心垂直偏差进行测量，并安装槽钢台架。

3）设计穿井梭头，用以扶住吊装圆盘，让其顺利穿过井口。

4）吊装卷扬机布置在电气竖井的最高设备层或以上楼面，除吊装最高设备层的高压垂吊式电缆外，还要考虑吊装同一井道内其他设备层的高压垂吊式电缆。

5）架设专用通信线路，在电气竖井内每一层备有电话接口。指挥人、主吊操作人、放盘区负责人还必须配备对讲机。

6）电气竖井内要设置临时照明。

7）电缆盘至井口应设有缓冲区和下水平段电缆脱盘后的摆放区，面积 30 ~ 40m^2。架设电缆盘的起重设备通常从施工现场在用的塔式起重机、汽车式起重机、履带式起重机等起重设备中选择。

8）吊装过程：选用有垂直受力锁紧特性的活套型网套，同时为确保吊装安全可靠，设一根直径 12.5mm 保险附绳，当上水平段电缆全部吊起，将主吊绳与吊装圆盘连接，同时将垂直段电缆钢丝绳与吊装圆盘连接。当吊装圆盘连接后，组装穿井梭头。在吊装过程中，在电气竖井井口安装防摆动定位装置，可以有效地控制电缆摆动。将上水平段电缆与主吊绳并拢，由下而上每隔 2m 捆绑，直至绑到电缆头，吊运上水平段和垂直段电缆。吊装圆盘在槽钢台架上固定后，还要对其辅助吊挂，目的是使电缆固定更为安全可靠。在吊装圆盘及其辅助吊索安装完成后，电缆处于自重垂直状态下，将每个楼层井口的电缆用抱箍固定在槽钢台架上。水平段电缆通常采用人力敷设。在桥架水平段每隔 2m 设置一组滚轮。安装过程如图 6.9–3 ~ 图 6.9–5 所示。

图 6.9–3　穿吊索的吊装圆盘

图 6.9–4　未穿吊索的吊装圆盘

（a）

（b）

图 6.9-5　吊装板固定

6.9.2　技术指标

（1）应符合现行下列标准规范的相关规定：

《电气装置安装工程　电缆线路施工及验收标准》GB 50168、《建筑电气工程施工质量验收规范》GB 50303、《电气装置安装工程电气设备交接试验标准》GB 50150、《建筑机械使用安全技术规程》JGJ 33、《施工现场临时用电安全技术规范》JGJ 46。

（2）技术要求

电缆型号、电压及规格应符合设计要求。核实电缆生产编号、订货长度、电缆位号，做到敷设准确无误；电缆外观无损伤，电缆密封应严密；电缆应做耐压和泄漏试验，试验标准应符合国家标准和规范的要求，电缆敷设前还应用 2.5kV 摇表测量绝缘电阻是否合格。

6.9.3　适用范围

适用于超高层建筑的电气垂直井道内的高压电缆吊运敷设。

6.9.4　工程案例

上海环球金融中心大厦。

6.10　机电消声减振综合施工技术

6.10.1　技术内容

（1）技术特点

机电消声减振综合施工技术是实现机电系统设计功能的保障。随着建筑工程机电系统功能需求的不断增加，越来越多的机电系统设备（设施）被应用到建筑工程中。这些机电设备（设施）在丰富建筑功能、改善人文环境、提升使用价值的同时，也带来一系列的负面影响因素，如机电设备在运行过程中产生及传播的噪声和振动给使用者带来难以接受的困扰，甚至直接影响到人身健康等。

（2）施工工艺

噪声及振动的频率低，空气、障碍物以及建筑结构等对噪声及振动的衰减作用非常有限（一般建筑构建物噪声衰减量仅为 0.02~0.2dB/m），因此必须在机电系统设计与施工前，通过对机电系统噪声及振动产生的源头、传播方式与传播途径、受影响因素及产生的后果等进行细致分析，制定消声减振措施方案，对其中的关键环节加以适度控制，实现对机电系统噪声和振动的有效防控。具体实施工艺包括：对机电系统进行消声减振设计，选用低噪、低振设备（设施），改变或阻断噪声与振动的传播路径以及引入主动式消声抗振工艺等。

主要施工方法：

1）优化机电系统设计方案，对机电系统进行消声减振设计。机电系统设计时，在结构及建筑分区的基础上充分考虑满足建筑功能的合理机电系统分区，为需要进行严格消声减振控制的功能区设计独立的机电系统，根据系统消声、减振需要，确定设备（设施）技术参数及控制流体流速，同时避免其他机电设施穿越。机电系统消声减振设计重点关注设备如图 6.10-1 所示。

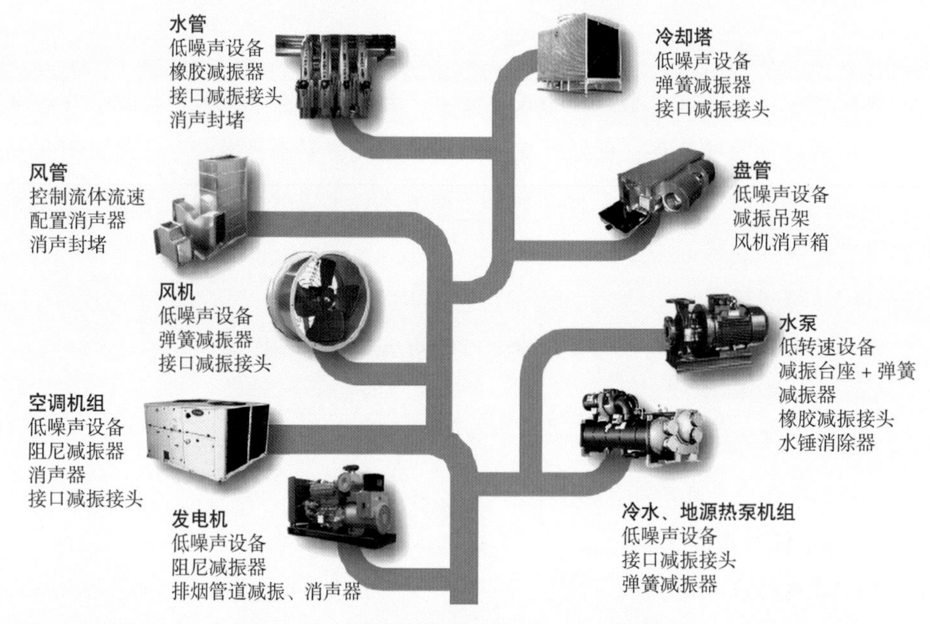

图 6.10-1　机电系统消声减振设计重点关注设备

2）在机电系统设备（设施）选型时，优先选用低噪、低振的机电设备（设施），如箱式设备、变频设备、缓闭式设备、静声设备，以及高效率、低转速设备等（图 6.10-2~ 图 6.10-5）。

图 6.10-2　变频供水设备

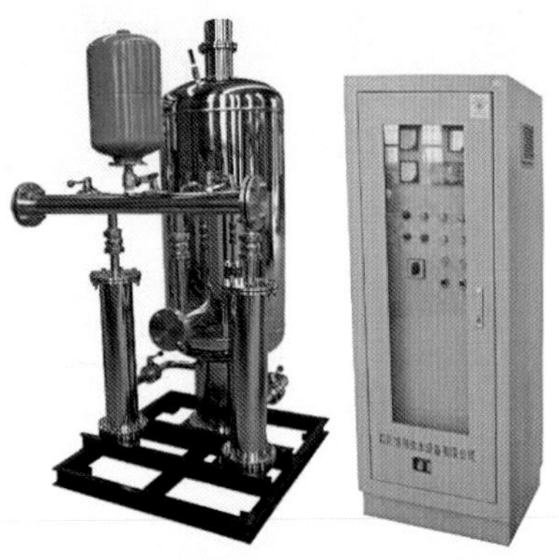

图 6.10-3　一体式超静声二次加压设备

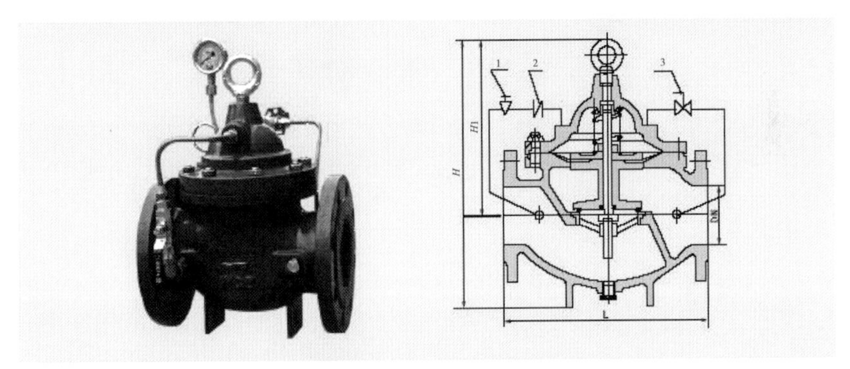

图 6.10-4　缓闭式止回阀

1—针形阀；2—止回阀；3—小球阀

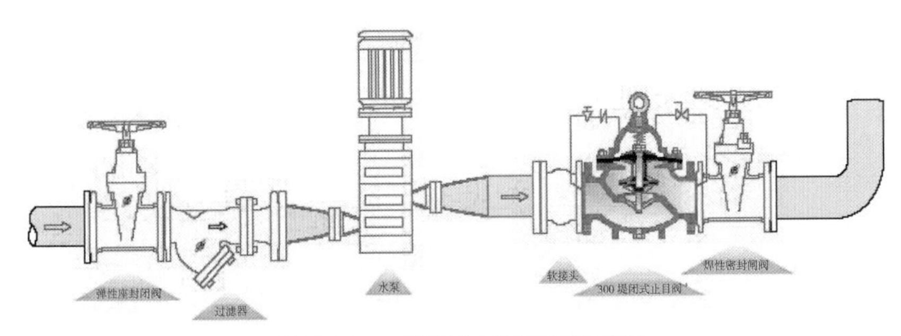

图 6.10-5　缓闭式止回阀安装示意图

3）机电系统安装施工过程中，在进行深化设计时要充分考虑系统消声、减振功能需要，通过隔声、吸声、消声、隔振、阻尼等处理方法，在机电系统中设置消声减振设备（设施），改变或阻断噪声与振动的传播路径。如设备采用浮筑基础、减振浮台及减振器等的隔声、隔振构造（图 6.10-6 ~ 图 6.10-9）；管道与结构、管道与设备、管道与支吊架及支吊架与结构（包括钢结构）之间采用消声减振的隔离隔断措施，如套管、避振器、隔离衬垫、柔性软接、避振喉等（图 6.10-10、图 6.10-11）。

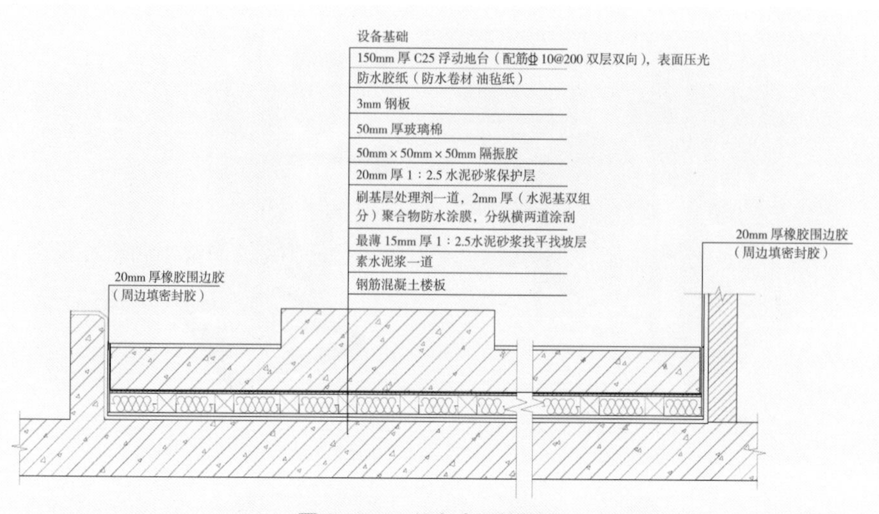

图 6.10-6　设备全浮筑基础

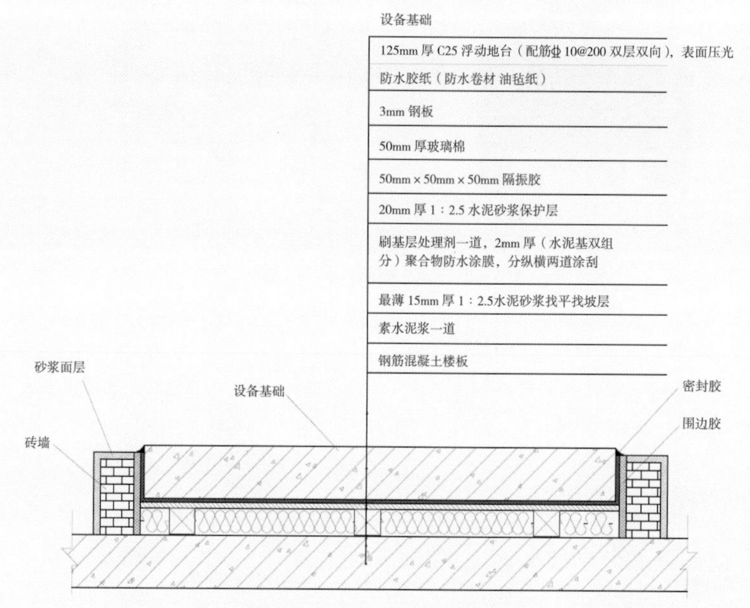

图 6.10-7　设备半浮筑基础

图 6.10-8　设备半浮筑基础减振块设置

图 6.10-9　减振块

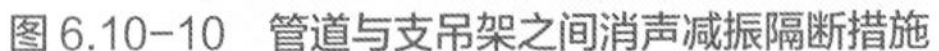

图 6.10-10 管道与支吊架之间消声减振隔断措施

图 6.10-11 避振喉、风管柔性软接

4）引入主动式消声抗振工艺。在机电系统深化设计中，针对系统消声减振需要引入主动式消声抗振工艺，扰动或改变机电系统固有噪声、振动频率及传播方向，达到消声抗振的目的。

6.10.2 技术指标

按设计要求的标准执行；当设计无要求时，参照执行现行《声环境质量标准》GB 3096、《城市区域环境振动标准》GB 10070、《民用建筑隔声设计规范》GB 50118、《工程隔振设计标准》GB 50463、《建筑工程容许振动标准》GB 50868、《环境噪声与振动控制工程技术导则》HJ 2034、《剧场、电影院和多用途厅堂建筑声学设计规范》GB/T 50356。

6.10.3 适用范围

适用于大、中型公共建筑工程机电系统消声减振施工，特别适用于广播电视、音乐厅、大剧院、会议中心、高端酒店等安装工程。

6.10.4 工程案例

吉林省广电中心、吉林省政府新建办公楼、上海金茂大厦、北京银泰中心、中国银行大厦、首都博物馆、国家大剧院等机电安装工程。

6.11 建筑机电系统全过程调试技术

6.11.1 技术内容

（1）技术特点

建筑机电系统全过程调试技术覆盖建筑机电系统的方案设计阶段、设计阶段、施工阶段和运行维护阶段，其执行者可以由独立的第三方、业主、设计方、总承包商或机电分包商等承担。目前最常见的是业主聘请独立第三方顾问，即调试顾问作为调试管理方。

（2）调试内容

1）方案设计阶段。为项目初始时的筹备阶段，其调试工作主要目标是明确和建立业主的项目要求。业主项目要求是机电系统设计、施工和运行的基础，同时也决定着调试计划和进程安排。该阶段调试团队由业主代表、调试顾问、前期设计和规划方面专业人员、设计人员组成。该阶段主要工作为：组建调试团队，明确各方职责；建立例会制度及过程文件体系；明确业主项目要求；确定调试工作范围和预算；建立初步调试计划；建立问题日志程序；筹备调试过程进度报告；对设计方案进行复核，确保满足业主项目要求。

2）设计阶段。该阶段调试工作主要目标是尽量确保设计文件满足和体现业主项目要求。该阶段调试团队由业主代表、调试顾问、设计人员和机电总包项目经理组成。该阶段主要工作为：建立并维持项目团队的团结协作；确定调试过程各部分的工作范围和预算；指定负责完成特定设备及部件调试工作的专业人员；召开调试团队会议并做好记录；收集调试团队成员关于业主项目要求的修改意见；制定调试过程工作时间表；在问题日志中追踪记录问题或背离业主项目要求的情况及处理办法；确保设计文件的记录和更新；建立施工清单；建立施工、交付及运行阶段测试要求；建立培训计划要求；记录调试过程要求并汇总进承包文件；更新调试计划；复查设计文件是否符合业主项目要求；更新业主项目要求；记录并复查调试过程进度报告。

3）施工阶段。该阶段调试工作主要目标是确保机电系统及部件的安装满足业主项目要求。该阶段调试团队包括业主代表、调试顾问、设计人员、机电总包项目经理、专业承包商和设备供应商。该阶段主要工作为：协调业主代表参与调试工作并制定相应时间表；更新业主项目要求；根据现场情况，更新调试计划；组织施工前调试过程会议；确定测试方案，包括机电设备测试、风系统／水系统平衡调试、系统运行测试等，并明确测试范围、测试方法、试运行介质、目标参数值允许偏差、调试工作绩效评定标准；建立测试记录；定期召开调试过程会议；定期实施现场检查；监督施工方的现场调试、测试工作；核查运维人员培训情况；编制调试过程进度报告；更新机电系统管理手册。各类测试方案如图 6.11-1 所示。

4）交付和运行维护阶段。当项目基本竣工后进入交付和运行维护阶段的调试工作，直到保修合同结束时间为止。该阶段工作目标是确保机电系统及部件的持续运行、维护和调节及相关文件更新均能满足最新业主项目要求。该阶段调试团队包括业主代表、调试顾问、设计人员、机电总包项目经理、专业承包商。该阶段主要工作为：协调机电总包的质量复查工作，充分利用调试顾问的知识和项目经验使得机电总包返工数量和次数最小化；进行机电系统及部件的季度测试；进行机电系统运行维护人员培训；完成机电系统管理手册并持续更新；进行机电系统及部件的定期运行状况评估；召开经验总结研讨会；完成项目最终调试过程报告。各类调试、检测报告如图 6.11-2 所示。

名称	修改日期	类型	大小
发电机系统调试方案	2015-06-05 22:31	文件夹	
锅炉及蒸汽动力系统调试方案	2015-06-05 22:31	文件夹	
合肥香格里拉防排烟系统调试方案	2015-06-05 22:31	文件夹	
火灾报警系统调试方案	2015-06-05 22:31	文件夹	
空调风系统调试方案	2016-01-18 17:30	文件夹	
空调水处理系统调试方案	2015-06-05 22:31	文件夹	
燃油系统调试方案	2015-06-05 22:31	文件夹	
给排水调试方案.doc	2014-12-14 15:44	Microsoft Word 97...	50 KB
合肥香格里拉酒店电气调试方案（新）.doc	2014-12-14 15:44	Microsoft Word 97...	85 KB
合肥香格里拉酒店热水调试方案.doc	2014-12-14 15:44	Microsoft Word 97...	50 KB
合肥香格里拉酒店洗衣废水处理工程调试方案....	2014-12-14 15:44	Microsoft Word 97...	227 KB
合肥香格里拉酒店游泳池、水景系统调试方案....	2014-12-14 15:44	Microsoft Word 97...	147 KB
气体灭火系统调试方案.doc	2014-12-17 12:52	Microsoft Word 97...	23,226 KB
消防水调试方案.doc	2015-01-03 17:05	Microsoft Word 97...	63 KB

图 6.11-1　设计阶段，调试方案的编制

图 6.11-2　各类调试、检测报告

（3）调试文件

1）调试计划。为调试工作前瞻性整体规划文件，由调试顾问根据项目具体情况起草，在调试项目首次会议，由调试团队各成员参与讨论，会后调试顾问再进行修改完善。调试计划必须随着项目的进行而持续修改、更新。一般每月都要对调试计划进行适当调整。调试顾问可以根据调试项目工作量大小，建立一份贯穿项目全过程的调试计划，也可以建立一份分阶段（方案设计阶段、设计阶段、施工阶段和运行维护阶段）实施的调试计划。

2）业主项目要求。确定业主的项目要求对整个调试工作很重要，调试顾问组织召开业主项目要求研讨会，准确把握业主项目要求，并建立业主项目要求文件。

3）施工清单。机电承包商详细记录机电设备及部件的运输、安装情况，以确保各设备及系统正确安装、运行的文件。主要包括设备清单、安装前检查表、安装过程检查表、安装过程问题汇总、设备施工清单、系统问题汇总。

4）问题日志。记录调试过程发现的问题及其解决办法的正式文件，由调试团队在调试过程中建立，并定期更新。调试顾问在进行安装质量检查和监督施工单位调试时，可根据项目大小和合同内容来确定抽样检查比例或复测比例，一般不低于20%。抽查或抽测时发现问题应记入问题日志。

5）调试过程进度报告。详细记录调试过程中各部分完成情况以及各项工作和成果的文件，各阶段调试过程进度报告最终汇总成为机电系统管理手册的一部分。它通常包括项目进展概况；本阶段各方职责、工作范围；本阶段工作完成情况；本阶段出现的问题及跟踪情况；本阶段未解决的问题汇总及影响分析；下阶段工作计划。

6）机电系统管理手册。是以系统为重点的复合文档，包括使用和运行阶段运行和维护指南以及业主使用中的附加信息，主要包括业主最终项目要求文件、设计文件、最终调试计划、调试报告、厂商提供的设备安装手册和运行维护手册、机电系统图表、已审核确认的竣工图纸、系统或设备 / 部件测试报告、备用设备部件清单、维修手册等。

7）培训记录。调试顾问应在调试工作结束后，对机电系统的实际运行维护人员进行系统培训，并做好相应的培训记录。

6.11.2　技术指标

目前国内关于建筑机电系统全过程调试没有专门的规范和指南，只能依照现行的设计、施工、验收和检测规范的相关部分开展工作。主要依据的现行规范有：《民用建筑供暖通风与空气调节设计规范》GB 50736、《公共建筑节能设计标准》GB 50189、《民用建筑电气设计标准》GB 51348、《通风与空调工程施工质量验收规范》GB 50243、《建筑节能工程施工质量验收标准》GB 50411、《建筑电气工程施工质量验收规范》GB 50303、《建筑给水排水及采暖工程施工质量验收规范》GB 50242、《智能建筑工程质量验收规范》GB 50339、《通风与空调工程施工规范》GB 50738、《公共建筑节能检测标准》JGJ/T 177、《采暖通风与空气调节工程检测技术规程》JGJ/T 260、《变风量空调系统工程技术规程》JGJ 343。

6.11.3　适用范围

适用新建建筑的机电系统全过程调试，特别适用于实施总承包的机电系统全过程调试。

6.11.4　工程案例

巴哈马大型度假村、北京新华都等机电系统调试工程。

第二节　江苏省建筑业 10 项新技术（2018 版）

1. 江苏省建筑业 10 项新技术的发展历程

为促进江苏省建筑业技术实力的提升，江苏省住房和城乡建设厅分别于 2003 年、2011 年、2018 年，先后公布了多个版本的《江苏省建筑业 10 项新技术》，作为《建筑业 10 项新技术》的补充和提高。

《江苏省建筑业 10 项新技术（2018 版）》是在 2011 版的基础上进行的修订。编制原则是：

1）《江苏省建筑业 10 项新技术》不限于国家建筑业 10 项新技术的格式，各分项、子项可根据江苏省建筑业实际情况确定；

2）《江苏省建筑业 10 项新技术》在水平上应高于国家水平，一般不与《建筑业 10 项新技术》重复，必须重复的内容，应适当提升技术水平；

3）内容上除房屋建筑施工外,也要涵盖市政工程、轨道交通工程、装饰工程等技术。

2.《江苏省建筑业 10 项新技术（2018 版）》内容

① 地基基础和地下空间工程技术；

② 建筑工程测量技术；

③ 建筑新机具、新设备应用技术；

④ 现浇混凝土及防水技术；

⑤ 装配式结构技术；

⑥ 机电安装工程技术；

⑦ 建筑装饰工程技术；

⑧ 绿色施工与建筑节能技术；

⑨ 工程检测与监测应用技术；

⑩ 数字工地应用技术。

限于篇幅，本节只讲述“6 机电安装工程技术”。

3. 机电安装工程技术详述

本节以下内容参照《江苏省建筑业 10 项新技术（2018 版）》，为便于对照，保留原有的序号。

6.1 管道和设备工厂化清洗技术

1. 主要技术内容

针对化工、电子、制药等行业生产工艺所要求的无油、无水、无灰尘、无杂质的高洁净度要求，对设备及管道清洗工作按照工厂化做法进行系统考虑，优化现场布置，规范清洗操作工艺，能够大幅度降低施工成本，加快施工进度，解决对环境污染问题。

施工现场工厂化清洗主要投入的资源有：硬化场地、蒸汽锅炉、热水泵、空气干燥机、清洗槽、洁净擦拭工具、小型水处理槽等，用于清洗的设备、设施可循环使用。循环清洗泵站流程示意图如图 6.1-1 所示。

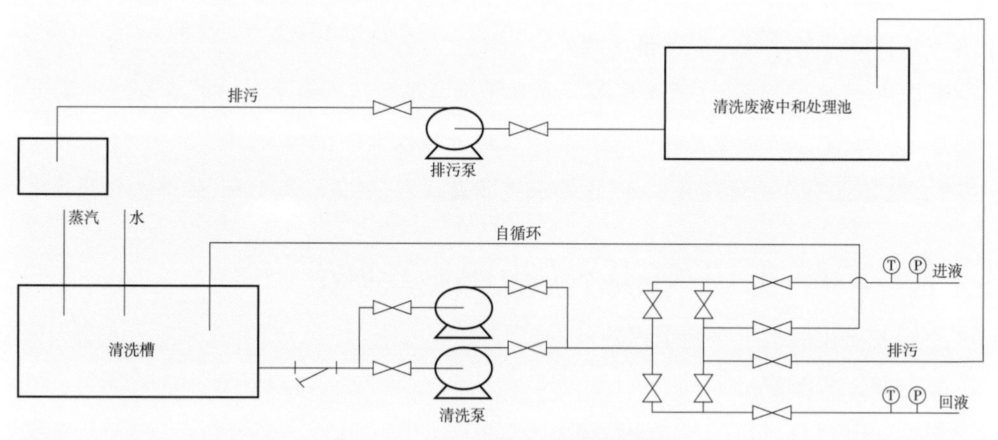

图 6.1-1 循环清洗泵站流程示意图

清洗液选用由磷酸、缓蚀液、表面活性剂组成的“三合一”清洗液，除油、除锈、钝化一次完成，较以往脱脂、酸洗、中和、钝化四道工序具有清洗效率高、环境污染小等优点。根据清洗设备不同，分别使用循环清洗工艺、擦拭清洗工艺、浸泡清洗工艺进行清洗。循环清洗工艺应用于塔类设备、换热器类设备、管板式换热器的壳程以及 U 形管换热器的管程、预制管道，擦拭清洗工艺应用于罐类设备、管板式换热器的管程、预制管道，浸泡清洗工艺应用于泵类设备。主要清洗步骤：

（1）将需要清洗的设备和管道表面与清洗液充分接触（循环、浸泡、擦拭），达到 3 个功效：①需要清洗的设备和管道表面亲油性污垢与清洗液发生乳化反应，使污垢失去黏着力；②清洗液中酸性物质与需要清洗设备表面氧化物发生反应，使氧化物变成可溶物质；③清洗液中缓蚀物质防止被清洗设备表面发生腐蚀，并降低清洗工作对环境的污染。擦拭清洗工艺如图 6.1-2 所示。

（2）用纯水冲洗设备和管道表面，去除残留物。

（3）用干空气吹扫，进一步去除灰尘，并降低清洗好设备和管道表面露点。

图 6.1-2　擦拭清洗工艺

（4）对清洗合格设备充氮保护，使设备内部保持无氧化物产生，防止清洗好设备被二次污染。

2. 技术指标

（1）现行《工业设备化学清洗质量验收规范》GB/T 25146。

（2）现行《石油化工设备、管道化学清洗施工及验收规范》SH/T 3547。

（3）现行《脱脂工程施工及验收规范》HG 20202。

3. 适用范围

适用于石油化工、电子、制药等对洁净度有较高要求的领域设备及管道的清洗。

4. 工程案例

江苏顺大 1500t/ 年多晶硅项目、四川乐山 1500t/ 年多晶硅项目、江西景德镇 3000t/ 年多晶硅项目。

6.2　大面积板焊缝埋弧焊自动焊技术

1. 主要技术内容

焊接在大面积底板的施工中非常重要，提高生产效率、减少焊接变形是大面积底板施工要解决的主要问题。大面积底板连接焊缝选用 CO_2 保护焊打底＋碎焊丝＋埋弧焊盖面焊接法，可实现焊缝一次成形，提高焊接效率，并且能够较好地控制焊接质量及施工中常见的焊接变形。

碎焊丝埋弧焊是将埋弧焊焊丝和相同化学成分的细径焊丝切割成与焊丝直径大致相等的长度，即所谓的“碎焊丝”，以此填充焊缝坡口，再进行埋弧焊焊接的方法。焊接工艺参数见表 6.2-1。

CO_2 保护焊采用 NBC-500 焊机，埋弧焊机采用 MZC-1000I 平焊机，母材材质为 Q235-B，厚 10mm；垫板材质为 Q235-B，厚 6mm。焊接接头为带垫板对接方式，垫板规格为 100mm×6mm，V 形坡口，要求坡口两侧无水、锈、油污等杂质。接头形式、坡口形式与尺寸、焊层、焊道布置及顺序如图 6.2−1 ～图 6.2−3 所示。CO_2 保护焊打底与碎焊丝埋弧焊盖面焊接过程如图 6.2−4 和图 6.2−5 所示。

表6.2−1　填充碎丝埋弧焊焊接工艺参数

焊层	焊接方法	所需材料		焊接电流				气体流量（L/min）
		牌号	规格（mm）	极性	电流（A）	焊接电压（V）	焊接速度（cm/min）	
1	CO_2 气体保护焊	ER50−6	ϕ1.2	反接	195	28	40	25
2	碎丝埋弧焊	H08A	ϕ4.0	反接	600	30	32.4	—

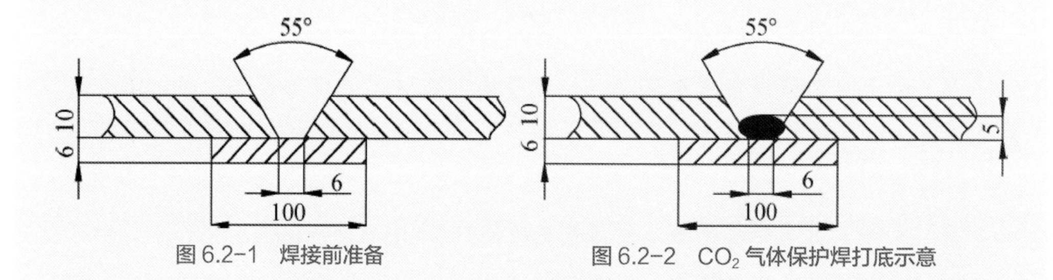

图 6.2−1　焊接前准备　　　图 6.2−2　CO_2 气体保护焊打底示意

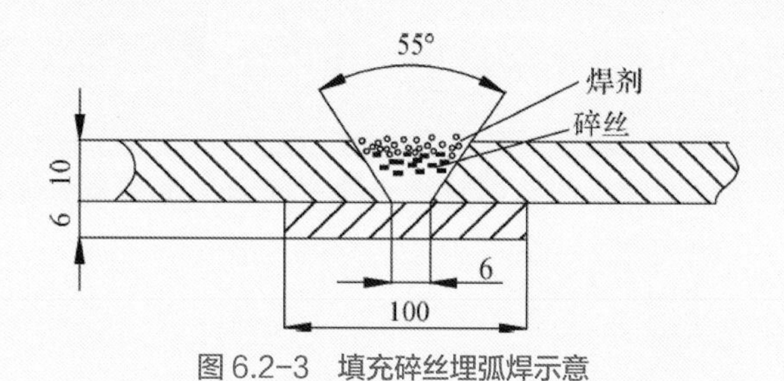

图 6.2−3　填充碎丝埋弧焊示意

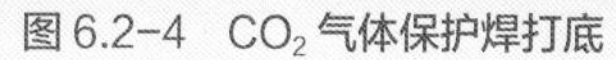

图 6.2−4　CO_2 气体保护焊打底　　　图 6.2−5　碎丝埋弧焊盖面

2. 技术指标

（1）《立式圆筒形钢制焊接储罐施工规范》GB 50128。

（2）《现场设备、工业管道焊接工程施工规范》GB 50236。

（3）《钢结构工程施工质量验收标准》GB 50205。

3. 适用范围

适用于大面积底板自动焊施工。

4. 工程案例

中粮东海粮油（张家港）有限公司新建特油二期项目油罐区工程，营口港墩台山原油罐区一期工程，营口港仙人岛原油储库一、二、三期工程，中国兵器华锦储运项目营口仙人岛场站及改扩建工程。

6.3　薄壁不锈钢管道新型连接技术

6.3.1　薄壁不锈钢管道自动熔焊技术

1. 主要技术内容

为了满足薄壁不锈钢卫生级管道的焊接要求，提高焊接质量，可采用薄壁不锈钢管道自动熔焊技术。本技术应用的主要设备为数字化程控逆变焊机、全位置焊接机头，如图 6.3–1 所示。

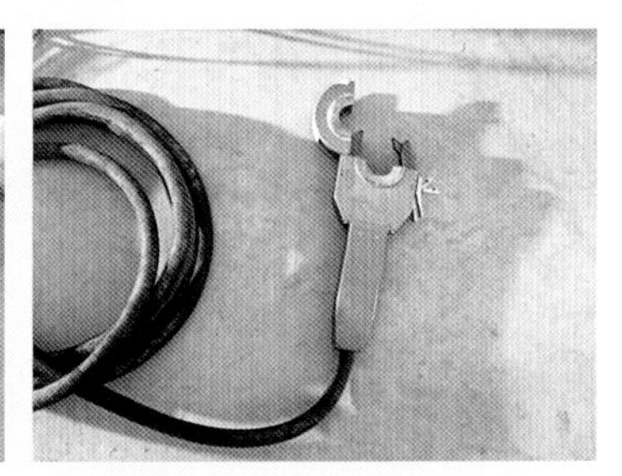

图 6.3–1　数字化程控逆变焊机、焊线、全位置焊接机头

全位置焊接机头采用旋转无缠绕结构，枪体水冷却，焊枪轻便，暂载率高；快插式夹具，减少焊前准备的时间；定位方式为夹块定位，定位准确；手柄上配备操作按钮，操控方便；封闭式焊接，焊接保护效果好，表面成形美观紧凑，适合操作空间小的现场安装，可达性好。

在焊机控制屏上设置焊接参数，管道内充氩保护，配套使用全位置焊接机头，可实现管材无间隙对口，通过母材自熔形成熔解接头。熔解接头高度与母材基本平齐，无明显焊接痕迹，如图 6.3–2 ～图 6.3–7 所示。该技术在满足薄壁不锈钢卫生级管道焊接质量的基础上，极大提高了焊接效率，减少了人工的使用，缩短施工工期，经济效益、社会效益显著。

2. 技术指标

（1）现行《洁净室施工及验收规范》GB 50591。

（2）现行《工业金属管道工程施工规范》GB 50235。

图 6.3-2　管段点焊固定

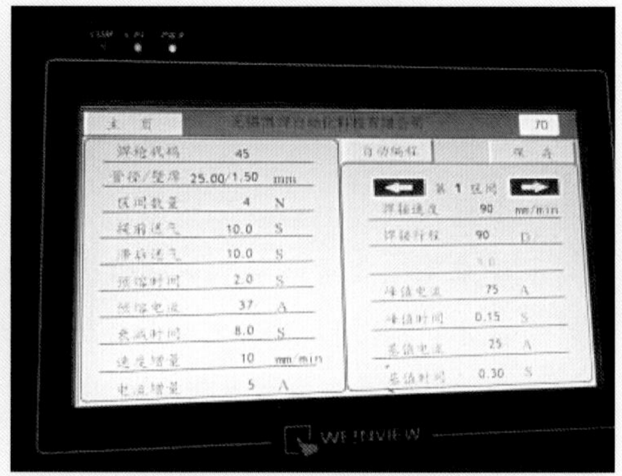

图 6.3-3　设置焊接参数

图 6.3-4　管道内充氩保护

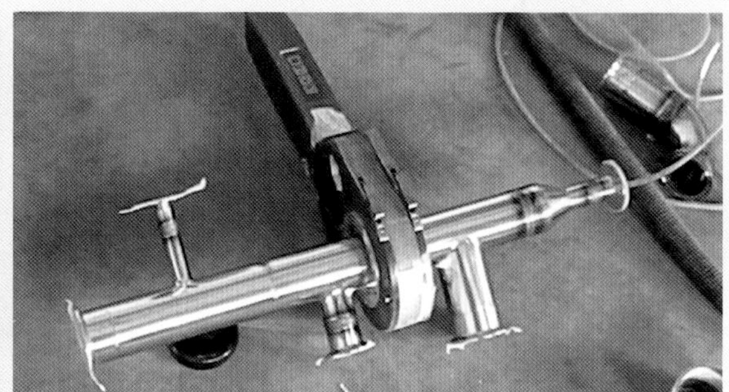

图 6.3-5　熔接过程图

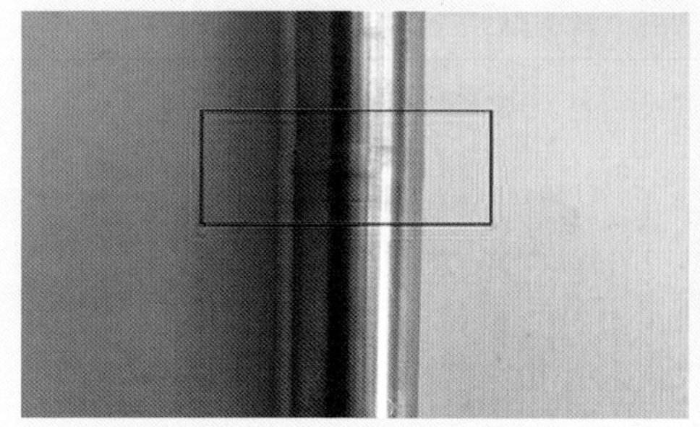

图 6.3-6　外焊缝成型质量

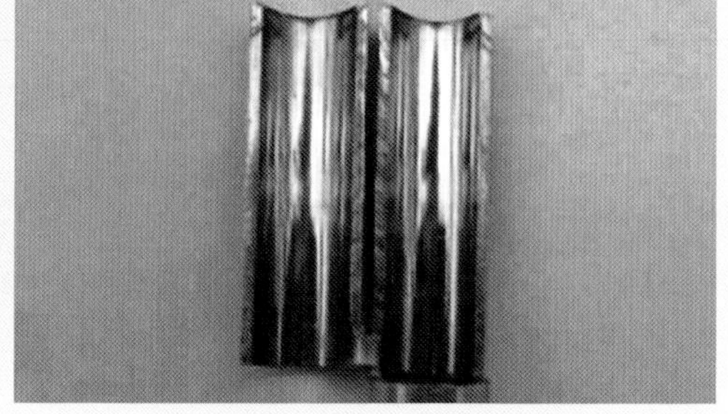

图 6.3-7　焊缝内侧成型质量

（3）现行《现场设备、工业管道焊接工程施工规范》GB 50236。

3. 适用范围

适用于熔接管径在 ϕ6mm ~ ϕ114.3mm、管壁壁厚 $\delta \leqslant$ 3mm 的薄壁不锈钢管道氩弧焊接。

4. 工程案例

上海协和氨基酸有限公司三期扩建厂房项目、辽宁益海嘉里地尔乐斯淀粉科技有限公司年产 20 万 t 结晶葡萄糖项目。

6.3.2　薄壁不锈钢管道锥螺纹连接技术

1. 主要技术内容

薄壁不锈钢管道锥螺纹连接是采用啮入成型螺纹技术，用专用工具将薄壁不锈钢管或管件端部分别加工成可直接旋转接驳的内、外圆锥螺纹接口，通过螺纹压力密封，并采用卫生级液态生料带作为螺纹间隙密封材料的一种新型薄壁金属管道连接技术，适用于直饮水、给水、消防、化工、燃气等领域。加工工艺、步骤如图 6.3-8 ~ 图 6.3-12 所示。

图 6.3-8　薄壁不锈钢管道锥螺纹加工

图 6.3-9　薄壁不锈钢管道锥螺纹处涂刷液态生料带

图 6.3-10　薄壁不锈钢管道锥螺纹连接

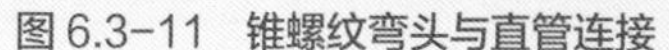

图 6.3-11　锥螺纹弯头与直管连接

图 6.3-12　直管与直管连接

薄壁不锈钢管道锥螺纹连接技术突破了传统螺纹接口以牺牲钢管材料换取连接可靠的管型结构（切削螺纹）弊端，解决了传统薄壁不锈钢管以降低管道可靠性换取节约管材的应用技术（卡压技术等）瓶颈，具有耗材少、连接强度高（比“卡压式”提高 50% 以上）、使用寿命长等优点，是高效性能管道的理想管型。

薄壁不锈钢管道锥螺纹连接管端刚性好，接口承压能力高，抗拉拔力强，使用管件少，具有接头连接可靠、节材、性价比好等优点，具有良好的社会效益及经济效益，具有较大推广应用价值。

2. 技术指标

（1）现行《薄壁不锈钢管道技术规范》GB/T 29038。

（2）现行《薄壁不锈钢管》CJ/T 151。

（3）现行《建筑给水薄壁不锈钢管管道工程技术规程》T/CECS 153。

3. 适用范围

适用于公称直径 *DN*15 ~ *DN*300，工作压力 ≤ 2.5MPa，工作温度介于 −25 ~ 150℃ 的薄壁不锈钢管连接，可广泛应用于直饮水、给水、消防、化工、燃气等领域。

4. 工程案例

济南嘉里综合发展项目、南京金融城项目。

6.4　PVC 成品式预埋套筒应用技术

1. 主要技术内容

PVC 排水管穿越楼层混凝土现浇板时，排水管道根部的渗漏时有发生，较难处理。PVC 成品式预埋套筒以其特殊的外部结构和粗糙的外表面，可以和混凝土牢固结合，达到不渗不漏的效果。

该技术施工操作便捷，工序少，经预埋固定与混凝土一次浇筑成型，无需二次吊模浇灌混凝土。主要施工工序为：模板上的定位放线→预埋套筒安装固定→混凝土浇筑→清理→安装竖向管道，如图 6.4-1 ~ 图 6.4-5 所示。

排水塑料管必须按设计要求及位置装设伸缩节。如设计无要求时，伸缩节间距不得大于 4m。两组套筒间，宜加伸缩节。

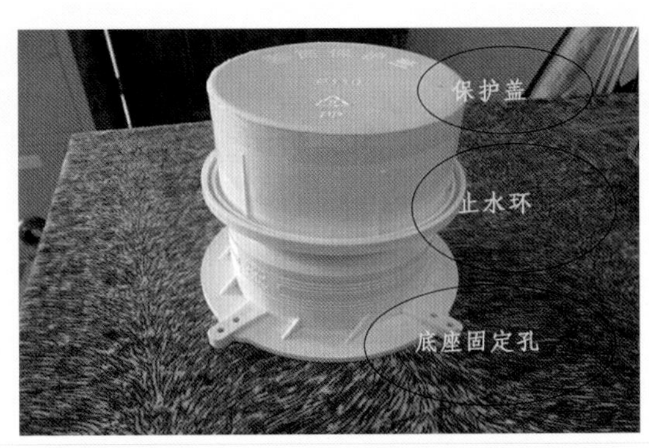

图 6.4-1 PVC 成品式预埋套筒

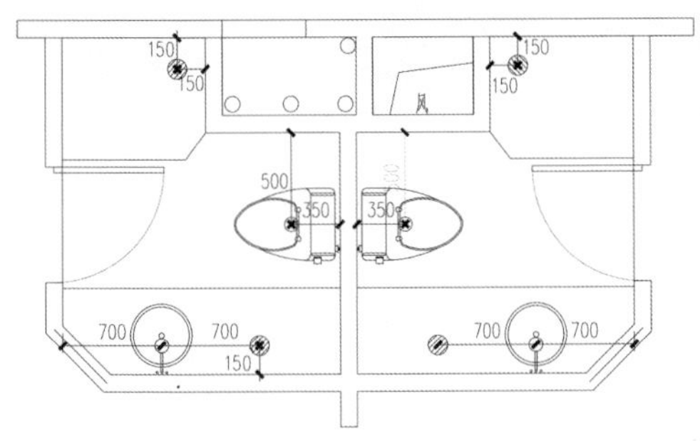

图 6.4-2 标准卫生间预埋套筒定位图

图 6.4-3 定位、放线、预埋套筒固定

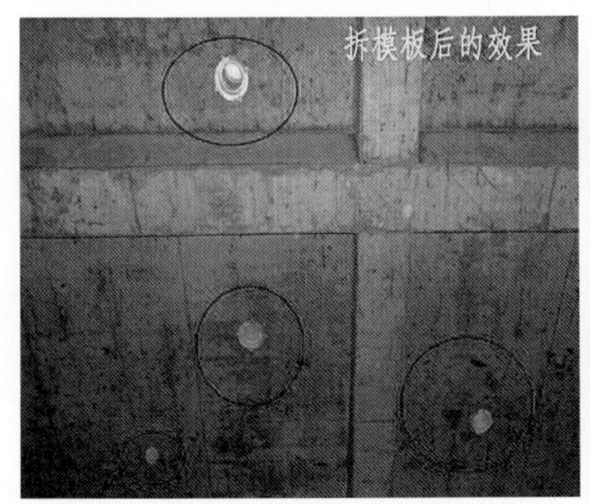

图 6.4-4 拆模后的效果

图 6.4-5 安装竖向管道

2. 技术指标

（1）《建筑给水排水及采暖工程施工质量验收规范》GB 50242。

（2）《给水排水管道工程施工及验收规范》GB 50268。

3. 适用范围

PVC 成品式预埋套筒为定型产品，规格一般为：*DN*100、*DN*75、*DN*50，可根据管径的需要选择不同规格的接头；PVC 成品式预埋套筒的高度与楼层混凝土板厚应一致。适用于各种公共及民用建筑的排水系统。

4. 工程案例

扬州检验检测服务大楼、芜湖职业技术学院学生宿舍楼、张家口新五一广场等。

6.5　模块化电缆密封系统的应用技术

1. 主要技术内容

模块化电缆密封系统由可变内径密封模块、密封模块固定框架组成。可变内径模块由三元乙丙橡胶制造，且材料中已添加特殊物质，防小动物撕咬效果好。六种基本规格的可变内径密封模块，可根据电缆外径进行自动调整，即可密封直径为 3.5 ~ 99mm 的电缆、管道；起到防水、防火、防气体、防尘埃、防小动物和防电磁干扰的作用。事先预留的框架空间和备用模块，可以随时拆卸，为将来改装或加装新电缆提供方便。

与防火泥封堵相比，三元乙丙橡胶水（气）密性、防爆性、防震性好，阻燃达 4h，使用寿命达 60 年，工作温度为 −40 ~ 50℃，安装简单，改扩容方便。

施工时，按电缆规格选择合适的模块；在穿越处，安装框架，将电缆全部穿过框架；剥去模块的内芯层；用模块夹住电缆；安装好压紧件，完成安装。

框架及多径模块和电缆的密封如图 6.5−1 ~图 6.5−5 所示。

图 6.5−1　框架及多径模块

图 6.5−2　电缆的密封

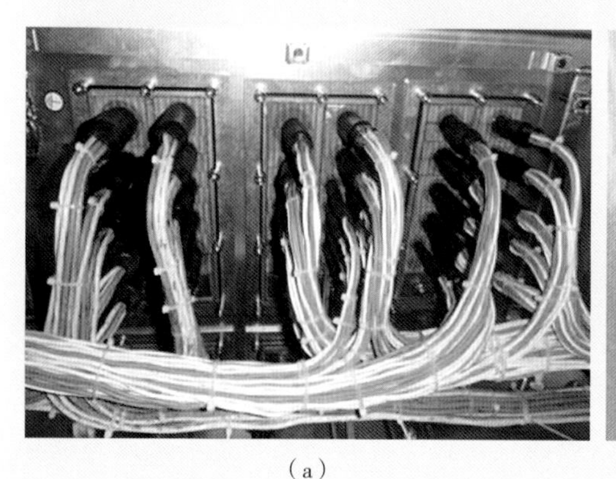

（a）

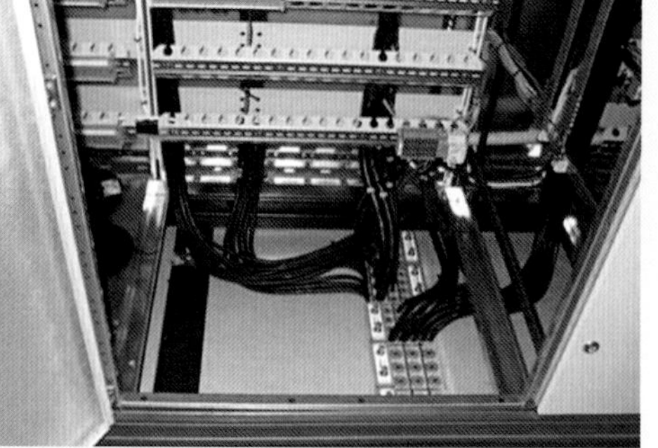

（b）

图 6.5−3　电缆进柜体处密封

图6.5-4　圆形密封件

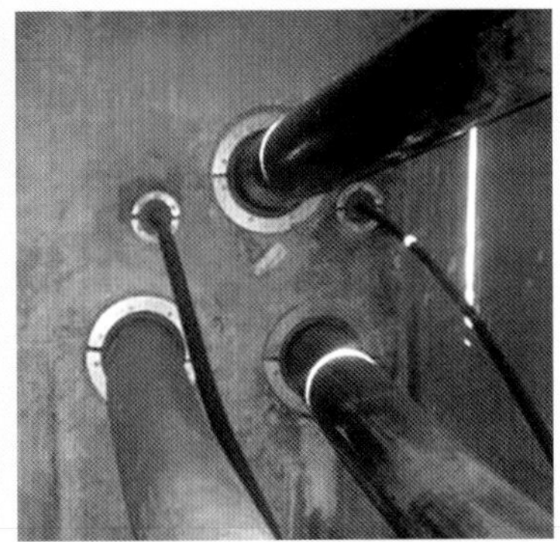

图6.5-5　电缆穿楼板处密封

2. 技术指标

（1）可变内径密封模块、密封模块的防火性能、水（气）密性能、防鼠咬虫蛀性能、使用寿命等应满足设计要求。

（2）安装时，应根据电缆的型号、规格、数量选择适当规格的框架；再根据每个框架中电缆型号选择相应的模块、压紧件以及润滑油。

（3）电缆在模块内不得有松动现象；模块与电缆、模块与框架之间接触部分不得有缝隙；模块表面应保持平整；压紧件上的螺栓必须拧紧。

（4）应执行规范：

1）现行《防火封堵材料》GB 23864。

2）现行《电缆防火涂料》GB 28374。

3）现行《电气装置安装工程　电缆线路施工及验收标准》GB 50168。

3. 适用范围

各种类型的电气仪控盘柜的进、出线；需要密封、防水、防爆电缆沟的穿越；厂房楼板孔、墙的穿越。

4. 工程案例

南通通州湖天污水处理厂、盐城新水源地及饮水工程、青岛碱业新材料科技有限公司5万t苯乙烯项目等。

6.6　彩色柔性泡沫橡塑绝热系统应用技术

1. 主要技术内容

彩色柔性泡沫橡塑绝热材料，是在柔性泡沫橡塑绝热材料上复合了新型涂层，从而具有超强的抗紫外线、抗老化性及耐候性能，并具有多种艳丽色彩可以选择。

彩色柔性泡沫橡塑绝热材料具有优良的保温功能，而且融合了色彩的美学效果，使设备管道与环境更加协调，并使管道易于区分。系统产品安装方便，清洁维护简单易行。由于具有性能优异的保护涂层，彩色柔性泡沫橡塑绝热材料在室内和室外均可使用。

彩色柔性泡沫橡塑绝热材料生产厂家可提供各种标准型号的管材、板材、预制弯头及“T”形管。可选颜色有：蓝色、绿色、灰色、白色、红色、黑色、黄色、粉红色等，可根据管道类型选择使用，便于管道标识。

彩色柔性泡沫橡塑绝热系统（图 6.6-1 ~ 图 6.6-4）施工方法与普通柔性泡沫橡塑绝热系统相同。当绝热厚度较厚时（> 32mm），可采用多层保温的方法；内层用普通柔性泡沫橡塑绝热产品，外层采用彩色柔性泡沫橡塑绝热系列板材。

图 6.6-1　彩色柔性泡沫橡塑绝热系统

图 6.6-2　管道彩色柔性泡沫橡塑绝热

图 6.6-3　制冷机房彩色柔性泡沫橡塑绝热系统

图 6.6-4　热水水泵彩色柔性泡沫橡塑绝热

2. 技术指标

（1）安装执行现行《通风与空调工程施工质量验收规范》GB 50243、《工业设备及管道绝热工程施工质量验收标准》GB/T 50185。

（2）现行《柔性泡沫橡塑绝热制品》GB/T 17794。

3. 适用范围

适用于各种工业与民用建筑内管道和设备绝热（保温）层的施工，特别适用于制冷工程、中央空调系统及供热工程绝热（保温）层的施工。

4. 工程案例

盐城中南城、济南中润世纪城、上海自然博物馆等大型项目。

6.7　成型 U-PVC 保温外壳应用技术

1. 主要技术内容

U-PVC 保温外壳材料是在 PVC 材料中添加阻燃剂、抗紫外线和抗老化成分后形成的专用特种材料。U-PVC 保温外壳具有耐腐蚀、防酸碱、抗老化、抗紫外线、耐候性能好等特点，使用寿命更长；同时，阻燃级别达到国家标准的 B1 级，消防性能好。

U-PVC 保温外壳定型产品多，直管段、各种管件均可实现工厂化生产。U-PVC 保温外壳有白色、黑色、红色、深蓝、黄色、绿色等多种规格，可根据管道类型和装饰效果，合理选用。

U-PVC 保温外壳自身重量轻，不到金属保护层的 1/5；安装简单、便捷，不需要大型机具设备，节省了工程费用，施工速度快，节约了施工工期。

U-PVC 保温外壳拆卸轻便灵活，便于清洗维护和重复利用；表面光洁，清洗方式简单，价格低廉，性价比高。

U-PVC 保温外壳具有抗压、抗折皱功能，韧性好，能自身恢复原来状态，安装完后不易被损坏，达到系统美观完整、密封性能好的要求。

U-PVC 保温外壳清洁度高，能达到 GMP 认证要求，防火等级为难燃 B1 级，使用广泛。

2. 技术指标

（1）U-PVC 保温外壳定型产品包括：直管、45° 弯头、90° 弯头、45° 三通、90° 三通、管帽等，如图 6.7-1 ~ 图 6.7-3 所示。连接方式有专用塑料铆钉（螺纹图钉）铆接；胶水粘结、双面胶带粘结、无痕胶带粘结等。可根据安装需要，进行管段、管件的预制、定制；根据确定的连接方式，选择连接材料。

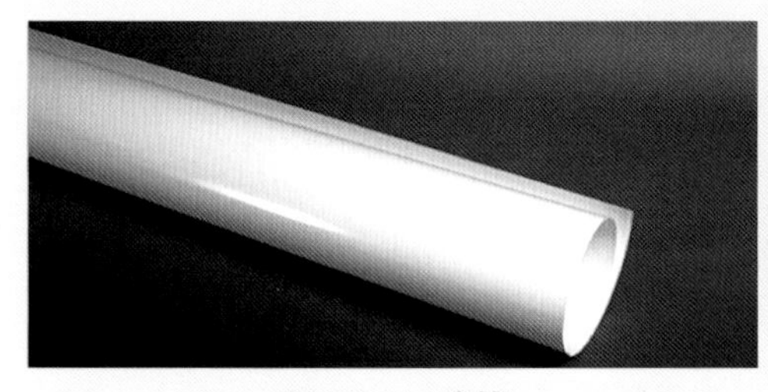
图 6.7-1　直管

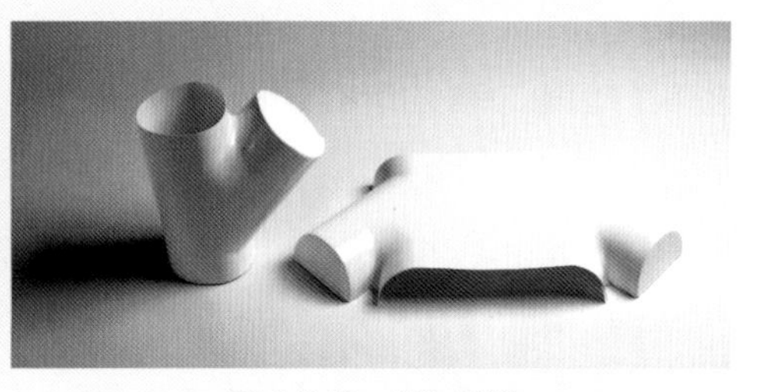
图 6.7-2　45° 三通

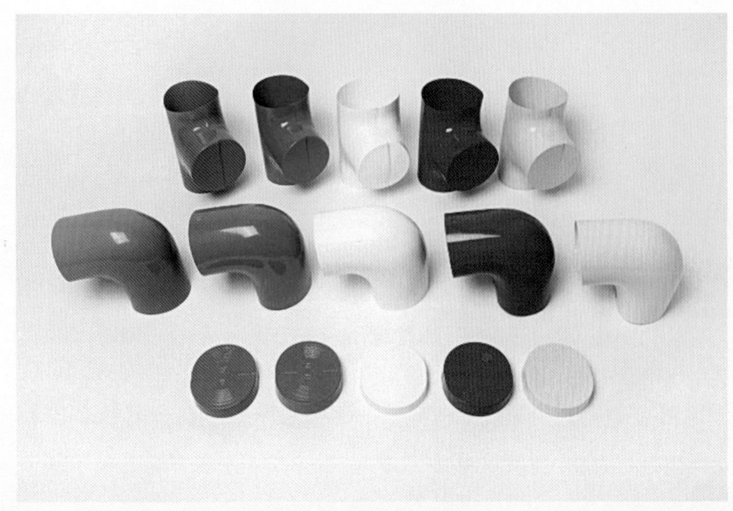

图 6.7-3　各类管件

（2）保护层有多种颜色，便于管道标识；满足各类管路系统功能和安全的要求，达到与周边管道设备布置协调一致的效果，如图 6.7-4 和图 6.7-5 所示。

图 6.7-4　U-PVC 成型保温外壳应用于设备机房

图 6.7-5　U-PVC 成型保温外壳应用于工业装置

（3）U-PVC 成型保温外壳均预留了 30 ~ 50mm 的搭接长度。若选择胶水粘结安装时，将 PVC 胶水沿着搭接外层的内壁，离外边缘 3 ~ 5mm 处顺着长度方向涂过去，形成一条直线，注意不要断线，然后对齐合拢搭接，约 15s 即可。

（4）安装执行现行《通风与空调工程施工质量验收规范》GB 50243、《工业设备及管道绝热工程施工质量验收标准》GB/T 50185。

3. 适用范围

适用于各种工业与民用建筑内管道和设备保温层的外保护，特别适用于制药、医疗、电子、净化、化工等行业管道、设备的保温外壳。

4. 工程案例

永旺梦乐城、苏州中新生态大厦、苏州唯亭医院等大型项目。

第三节 新技术应用示范工程

1. 新技术应用示范工程

新技术应用示范工程分为省级建筑业新技术应用示范工程、国家级建筑业新技术应用示范工程。其中，各个省份对省级建筑业新技术应用示范工程的规定略有不同，现以江苏省建筑业新技术应用示范工程为例说明。

江苏省建筑业新技术应用示范工程是指符合下列条件之一的工程：

① 应用了住房和城乡建设部《建筑业10项新技术（2017版）》6项以上、江苏省《建筑业10项新技术（2018版）》2项以上，以及企业根据工程特点采用的若干其他新技术的工程；

② 应用住房和城乡建设部《建筑业10项新技术（2017版）》或江苏省《建筑业10项新技术（2018版）》某一项（子项）新技术，以及企业根据工程特点采用的若干其他新技术的工程，且水平达到国内领先。

全国建筑业创新技术应用示范工程（以下简称示范工程）是指经中国建筑业协会公布的、采用6项以上《建筑业10项新技术》且采用其他建筑业创新技术的工程。已经批准列为省（部）级建筑业新技术应用示范工程，且可在五年内完成申报的全部创新技术内容的，可申报示范工程。

2. 江苏省建筑业新技术应用示范工程的申报程序

（1）目标项目的申报

① 施工单位申报。

② 示范工程目标项目由工程所在地的省辖市建设行政主管部门初审后，统一上报江苏省住房和城乡建设厅。

③ 江苏省住房和城乡建设厅将依据有关规定，对各地申报的示范工程目标项目进行审查。对符合条件的，将发文公布。

（2）验收

1）申报要求

① 项目执行单位在计划时间内完成了《江苏省建筑业10项新技术应用示范工程申报书》中提出的全部新技术内容，应用新技术的分部分项工程质量达到现行质量验收标准，应用效果显著。

② 符合下列条件之一：

a. 应用了住房和城乡建设部《建筑业10项新技术（2017版）》6项以上、江苏省《建筑业10项新技术（2018版）》2项以上，以及企业根据工程特点采用的若干其他新技术的工程。

b. 应用了住房城和乡建设部《建筑业10项新技术（2017版）》或江苏省《建筑业10项新技术（2018版）》某一项（子项）新技术，以及企业根据工程特点采用的若干其他新技术的工程，且水平达到国内领先。

③ 申报单位填写《江苏省建筑业10项新技术应用示范工程应用成果申请书》。

④ 项目申报单位向工程所在地的设区市建设行政主管部门申请验收。由设区市建设行政主管部门提出初审意见，并统一报省住房和城乡建设厅工程质量安全监管处。

2）验收组织

① 开展现场查勘，形成专家验收意见。

a. 项目执行单位代表介绍工程情况、新技术应用情况、应用体会（以多媒体形式进行），并提供成果材料；

b. 委托各设区市主管部门组织专家赴新技术应用工程现场勘察，对示范工程新技术应用情况进行评估，专家集中讨论后，对该目标工程应用新技术的整体水平做出综合评价，确定验收意见。

② 省住房和城乡建设厅将同步组织专家对项目申报资料进行线上复查。

3）公布

通过验收评审的目标工程，由省住房和城乡建设厅发文公布。

3. 全国建筑业创新技术应用示范工程

① 示范工程由建筑业企业自愿申报，经省、自治区、直辖市建筑业协会、有关行业建设协会或有关单位择优推荐。

② 申报单位填写《全国建筑业创新技术应用示范工程申报书》，连同列为省（部）级建筑业创新技术应用示范工程的批准文件，一式一份，经推荐单位审核后，报中国建筑业协会。

③ 中国建筑业协会组织专家审核，批准列为示范工程的项目，并发文公布。

第三章 优质工程的策划与实施

第一节　优质安装工程的整体策划

随着创优水平、创优意识的提高，施工单位在注重细部做法的同时，越来越注重优质安装工程的整体策划。工程的整体策划是宏观的策划，打破了原有各专业、各系统的各自为战式创优策划，突破专业间、施工单位间的创优瓶颈，实现工程的整体风格。

整体策划一般由业主、总承包单位牵头进行，也可委托第三方实施。从近几年的发展来看，整体策划可分为：科技创新型策划、管理创新型策划、精品工程型策划、全过程咨询等形式。

1. 科技创新型策划

以某地铁工程为例。× 号线总长约 39km，全线为地下线，沿线经过五个行政区，途经多个闹市区，穿越 ×× 江，为 A 型车 8 节编组高运量的线路。施工沿线地况复杂；穿越老城区段内，建筑物、高架桥林立，街道狭窄，施工难度大、技术要求高。

本工程质量目标明确，全线创“鲁班奖”；项目公司（业主）牵头成立了创优小组，施工前，根据工程实际情况，进行了科技创新型的整体策划。

（1）各标段进行科技立项

面对施工难题，进行科技立项，组织技术攻关。如：某地下车站位于市中心的十字路口，与原有的两条线形成“门”字形换成枢纽；三面为高层建筑，一面为古迹文物建筑，一条路上建有高架桥；施工现场不具备开挖建站的条件；设计的地下站外墙距离最近的建筑物桩 5.6m。

本站为地下三层岛式车站，车站主体总长 230m，最深 26.2m，共设 5 个出入口，3 组风井。车站主体分 A、B、C 三区，A 区长 105m，B 区长 82m，C 区长 42m（图 3.1–1）。

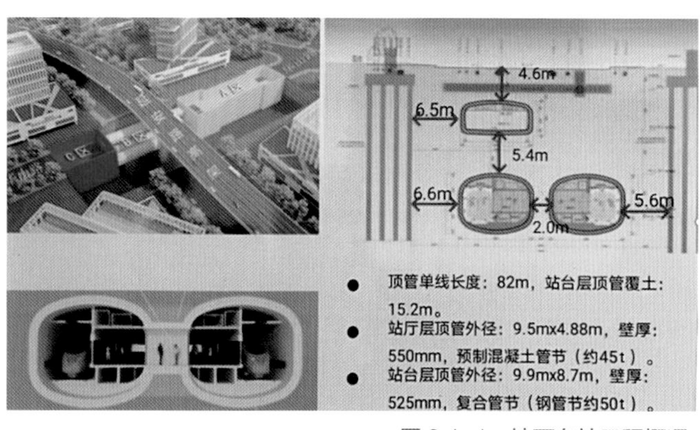

图 3.1–1　地下车站工程概况

根据实际情况，车站创造性地采用顶管法施工。对钢结构管节结构、外形尺寸进行深化设计，实现工厂化预制；顶管时，对外部土壤干扰小；顶管到位后，一次性喷浆成型。在保证工程进度的同时，确保一次成优。运输状态的管节如图 3.1–2 所示，安装到位的管节如图 3.1–3 所示。

图 3.1–2　运输状态的管节

图 3.1–3　安装到位的管节

（2）根据创优目标，进行科技立项

某地下车站，对各类管线进行了深化设计，采用共用支架，并实现了管线和成品支架的工厂化加工。通过与设计院、装饰单位沟通，将成品支架立杆加长，作为吊顶立杆使用，在成品支架保证使用功能的同时，节约了大量的吊顶立杆，同时，减少了吊顶的大量开孔，提高了顶板的结构强度。安装后共用的成品支架如图 3.1–4 所示。

图 3.1–4　共用的成品支架

（3）样板引路

编制创优策划书，实施样板引路。风管及水管安装样板如图 3.1–5、图 3.1–6 所示。

图 3.1-5　风管样板区

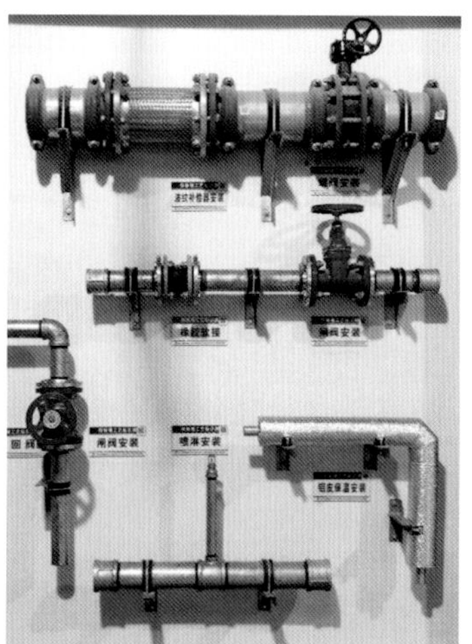

图 3.1-6　水管样板区

2. 管理创新型策划

以某地铁项目为例。× 号线一期工程整体呈西北 - 东南走向，西北起 ××、东南至 ××，沿线经过多个闹市中心、火车站、新区城际站和机场站，全长约 28.5km，均为地下线。本线共设置 21 座车站，均为地下站，平均站间距 1.407km。

本工程质量目标明确，全线创“鲁班奖”；地铁公司（业主）牵头成立了创优小组，施工前，根据工程实际情况，进行了管理创新型的整体策划。

（1）设立创优办公室，统一创优策划、监督、指导

地铁公司从创优大户——中铁建某局，聘用多名创优经验丰富的专家，成立创优办公室，具体负责创优的策划、监督、指导。

（2）实施第三方工程检测，实时把握工程质量

地铁公司聘用第三方检测公司，在施工现场建立检测实验室，编制了详细的《××工程机电安装及装饰装修工程第三方检测细则》，作为业主代表，进行材料检测、工程检测，监督优质工程的实现（图 3.1–7）。

目　录

图 3.1–7 《××工程机电安装及装饰装修工程第三方检测细则》目录

（3）专家辅导

多次聘请知名专家，进行创优辅导（图 3.1–8）。

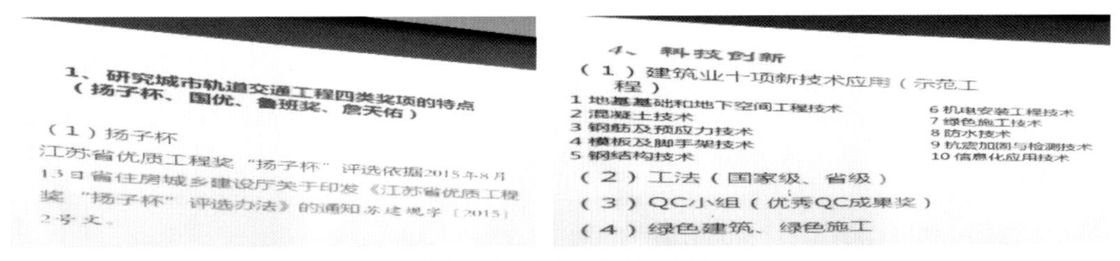

图 3.1–8　专家进行创优辅导

（4）样板引路（图 3.1–9）

（5）实施大标段、总承包模式

为充分发挥施工单位的技术优势，本工程采用大标段、EPC 总承包模式，打通设计 – 采购 – 施工间的壁垒，由施工单位牵头，实施优质工程战略。业主从繁杂的协调工作中解脱出来，专事监督，确保优质工程的实现。

图 3.1-9　实物样板

3. 精品工程型策划

为打造精品工程，施工前，应进行项目的整体策划。

（1）深化设计，优化设备、管线的位置、走向

对图纸进行深化，优化各类管道、电气管线、设备等的排列方式，达到走向合理、美观实用的效果。各类设备用房、公共管廊、地下室是深化设计的重点。深化设计由指定的负责人牵头，管道、电气、设备等各专业技术人员参与，共同完成。优化应根据工程的具体情况，在保证工程质量、工期的同时避免不合理的交叉、碰撞，增强观感效果。优化可利用 MagiCAD 软件、BIM 技术等进行，并将新技术、新工艺、优质工程的创意融进深化设计图中（图 3.1-10、图 3.1-11）。

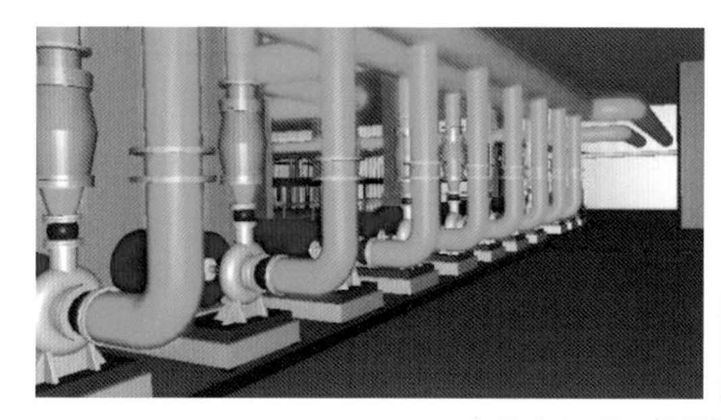
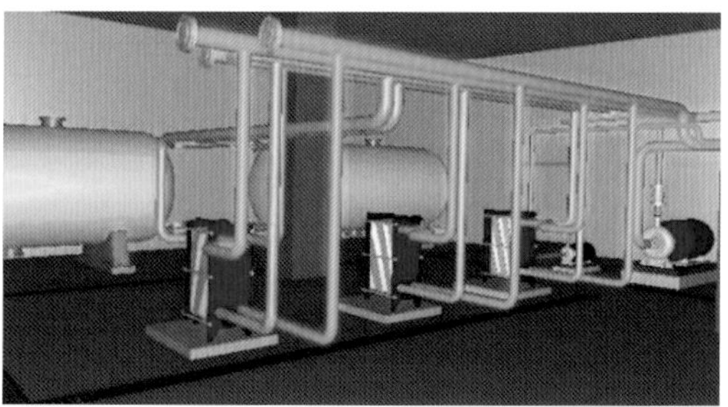

图 3.1-10　机房设备、管道布置图

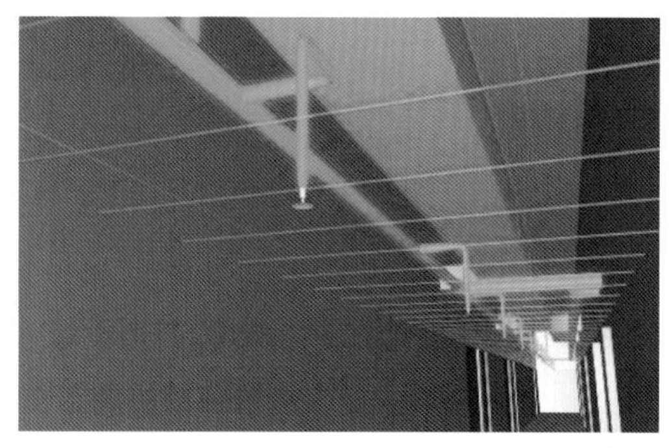

图 3.1-11　走廊吊顶内风管、管道布置图

（2）装配式施工的实现

工厂化预制、装配式施工，以其高质量、快速等优势，在安装工程中得以日益推广，成为创优质工程的利器。工厂化预制，按集成程度，分为管段制造（结构模块）、模块化制造（功能模块）等。如图 3.1-12 ~ 图 3.1-19 所示。

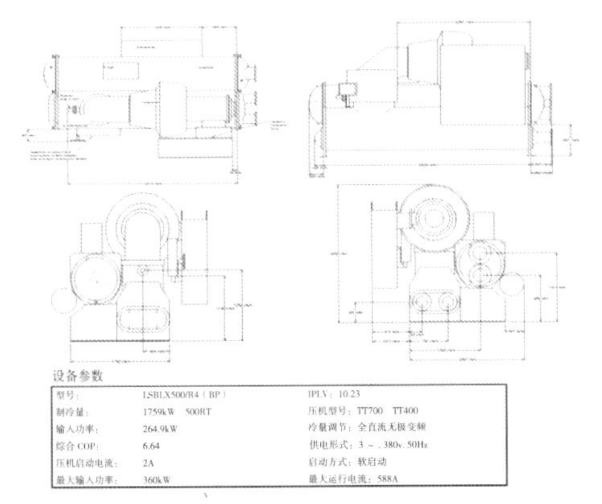

图 3.1-12　设备尺寸参数的收集

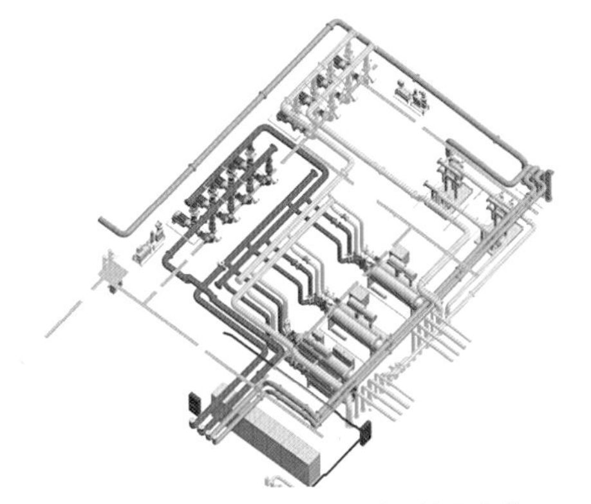

图 3.1-13　对制冷机房进行精准建模

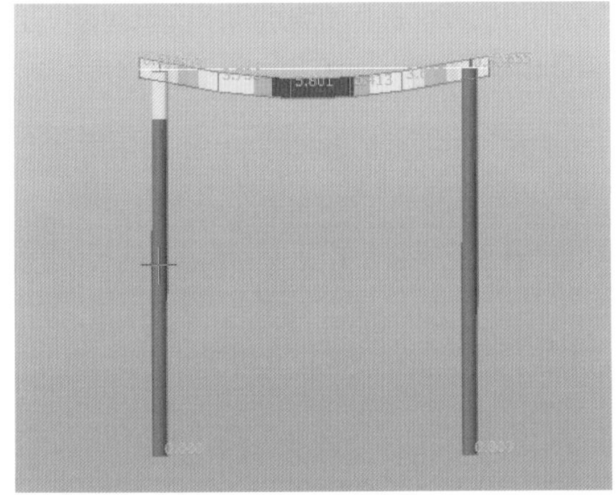

图 3.1-14　对支吊架进行受力校核

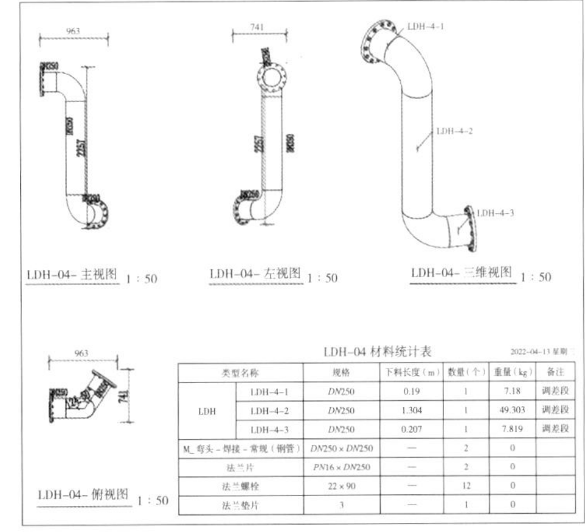

类型名称		规格	下料长度（m）	数量（个）	重量（kg）	备注
LDH	LDH-4-1	DN250	0.19	1	7.18	调差段
	LDH-4-2	DN250	1.304	1	49.303	调差段
	LDH-4-3	DN250	0.207	1	7.819	调差段
M_弯头 - 焊接 - 常规（钢管）		DN250 × DN250	—	2	0	
法兰片		PN16 × DN250	—	2	0	
法兰螺栓		22 × 90	—	12	0	
法兰垫片		3	—	1	0	

图 3.1-15　对每节管段出详细的尺寸参数图纸

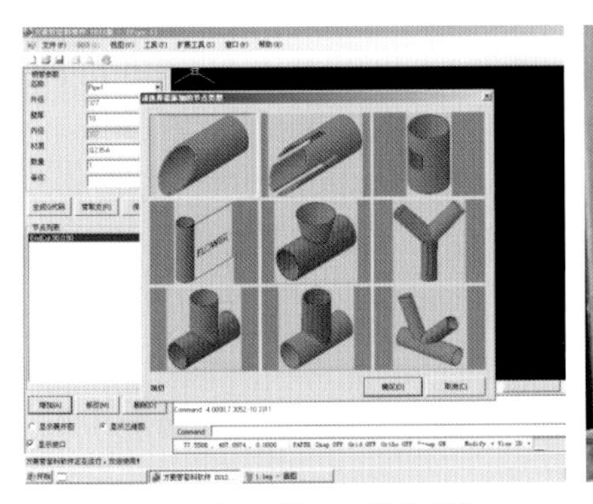

图 3.1-16　数字化精准下料

图 3.1-17　管道数控切割、挖孔

图 3.1-18　预制半成品

图 3.1-19　装配完成的机房效果

（3）亮点统一策划

打破单位间、专业间的壁垒，由总包单位牵头，所有施工单位全员参与，对工程整体策划，打造共同亮点。如土建单位在屋面施工前，对屋面的设计风格、细部节点进行策划时，安装单位可提前介入，对屋面设备的位置、管线的走向、设备基础等，与屋面施工、装饰进行统一的策划，在保证各系统使用功能的同时，增加观感质量，确保精品工程的实现。

如图 3.1-20、图 3.1-21 所示，屋面设备基础与机房设备基础形式相同；如图 3.1-22 所示，广场地砖与建筑物内地砖对缝一致。

（a）

（b）

图 3.1-20　屋面设备基础做法

（a）

（b）

图 3.1-21　机房设备基础做法

图 3.1-22　广场地砖与建筑物内地砖对缝一致

4. 全过程咨询

大部分项目部缺少创优实践，对优质工程的要求了解较少；技术人员的专业技术水平有限，甚至缺少个别专业的技术人员；项目进度、安全、人员管理等压力较大，项目部技术人员无法全身心投入到创优策划上；极少参加外部交流活动，对本省、本行业的创优水平知之甚少。

委托有经验的第三方，进行全过程的、系统的策划与咨询，能快速补齐施工单位的创优、专业技术短板，推动项目的创优工作。

（1）委托有实力的第三方

在进行委托前，应对第三方进行全面了解，确认其品牌实力、专家水平、技术实力、创优经验，优选综合实力强的第三方。

（2）明确需求

切合实际情况，明确创优目标。根据项目的规模、施工难度、设计水平以及自身的施工能力、施工技术水平等情况，合理确定工程的创优目标。

确认自身短板，查漏补缺。对自己的综合实力应有基本的判断，明确短板，确认需求。

（3）签署咨询合同，按阶段实施

有实力的咨询公司拥有自己的创优辅导体系，按工程进度，明确咨询次数、内容，组织相应的专家进场咨询。

咨询一般分为 3 ～ 4 个阶段。

第一阶段，开工前（或才开工一段时间）咨询，咨询的主要任务是了解项目情况、施工单位的准备情况、施工质量水平等；宣贯创优的组织、做法；回答项目部的问题；提出应注意的问题及建议；

第二阶段、第三阶段，施工过程中咨询，咨询的主要任务是现场检查，解决发现的问题；对上一阶段留存的问题建议进行闭环检查；有针对性地进行创优辅导；回答项目部的问题；提出下一阶段应注意的问题及建议；

第四阶段，竣工前的咨询，咨询的主要任务是工程质量的全面检查、消缺；竣工资料的辅导；优秀设计、新技术应用示范工程、绿色施工等相关荣誉的获取辅导；对上一阶段留存的问题建议进行闭环检查；回答项目部的问题；提出下一阶段应注意的问题及建议。

第二节　法律法规与创优策划

合法合规，是工程施工应具备的基本前提，更是优质工程奖必备的基本条件。

《中国建设工程鲁班奖（国家优质工程）评选办法》规定，申报工程应具备的条件中第一条是“（一）符合法定建设程序，执行国家、行业工程建设标准和有关绿色、节能、环保的规定，工程设计先进合理，并已获得省、自治区、直辖市或本行业工程质量最高奖。”复查阶段，更是将合规性资料列为否定性指标，“否决性指标，应提供原件，符合要求方可进行现场复查。”存在问题，可直接终止项目复查。

1. 优质工程与法律法规

项目的合法合规，是优质工程奖申报的前提。不遵守法律法规，或者存在合法合规性瑕疵的项目，不论质量水平如何，均无法参加优质工程奖的申报、评审。为了帮助施工技术人员、管理人员学习和掌握与安装工程管理相关的法律法规知识，本节将对主要的法律法规做一些简单的介绍。

（1）工程质量相关的法律法规

从法律法规的构成体系而言，法律法规分为四个层次：①宪法；②法律；③行政法规；④部门规章及规范性文件。这些法律法规，虽然适用对象和范围有所不同，但相互之间都有一定的内在联系。

1）宪法

现行的《中华人民共和国宪法》根据1988年4月12日第七届全国人民代表大会第一次会议通过的《中华人民共和国宪法修正案》、1993年3月29日第八届全国人民代表大会第一次会议通过的《中华人民共和国宪法修正案》、1999年3月15日第九届全国人民代表大会第二次会议通过的《中华人民共和国宪法修正案》、2004年3月14日第十届全国人民代表大会第二次会议通过的《中华人民共和国宪法修正案》和2018年3月11日第十三届全国人民代表大会第一次会议通过的《中华人民共和国宪法修正案》修正。

《宪法》是中华人民共和国的根本法，具有最高的法律效力。

2）法律

法是指国家制定或认可的，体现执政阶级意志并由国家强制力保障实施的社会行为规范的总称。作为广义法律的法是指整个法的体系中的全部内容，而狭义的法律是指全国人大及其常委会制定的法律文件。与安装工程相关的常用法律有：

①《中华人民共和国建筑法》；

②《中华人民共和国安全生产法》；

③《中华人民共和国消防法》；

④《中华人民共和国环境保护法》；

⑤《中华人民共和国特种设备安全法》；

⑥《中华人民共和国刑法》。

3）行政法规

行政法规是最高国家行政机关即国务院制定的法律文件。与建筑施工相关的行政法规主要有：

①《建设工程质量管理条例》；

②《建设工程安全生产管理条例》；

③《安全生产许可证条例》；

④《特种设备安全监察条例》；

⑤《民用建筑节能条例》。

4）部门规章

部门规章是国务院各部、委制定的法律文件。建筑施工常见部委规章及规范性文件有：

①《关于修改〈建筑工程施工许可管理办法〉的决定》；

②《建筑施工企业安全生产许可证管理规定》；

③《危险性较大的分部分项工程安全管理规定》；

④《房屋建筑和市政基础设施工程质量监督管理规定》；

⑤《建设领域推广应用新技术管理规定》；

⑥《建设工程质量检测管理办法》；

⑦《关于修改〈房屋建筑工程和市政基础设施工程竣工验收备案管理暂行办法〉的决定》；

⑧《关于修改〈城市建设档案管理规定〉的决定》；

⑨《房屋建筑工程质量保修办法》。

（2）优质工程与法律法规

业主、监理、施工单位均应熟悉法律法规的内容；熟悉工程施工各阶段，法律法规赋予的权利和义务；掌握施工流程。从工程立项开始，严格执行法律法规的规定，并保留好各类批复文件、报告。

优质工程必须是遵守法律法规的典范。如《中国安装工程优质奖（中国安装之星）评选办法》中规定：申报工程应符合法定建设程序、国家工程建设强制性条文、相关工程建设标准、工程质量验收规范和节能、环保的规定，工程设计先进合理，已获得本行业或本地区工程质量奖。申报各类优质工程奖时，应按其评选办法，提供相应的合规性文件。

2. 工程建设标准体系及标准的选用

（1）工程建设标准体系

工程建设标准是为在我国工程建设领域内获得最佳秩序，对各类建设工程的勘察、规划、设计、施工、安装、验收、运营维护及管理等活动和结果需要协调统一的事项所制定的共同的、重复使用的技术依据和准则，它经协商一致并由一个公认机构审查批准，以科学技术和实践经验的综合成果为基础，以保证工程建设的安全、质量、环境和公众利益为核心，以促进最佳社会效益、经济效益、环境效益和最佳效率为目的。

按照标准的适用范围，我国的标准分为国家标准、行业标准、地方标准和企业标准四个级别。

1）国家标准，简称国标，代号是GB、GB/T

国家标准分为强制性标准和推荐性标准。保障人体健康、人身、财产安全的标准和法律、行政法规定强制执行的标准是强制性标准，其他标准是推荐性标准。

2）行业标准，简称行标

工程建设行业标准由国务院建设行政主管部门——住房和城乡建设部分工负责，由各行业协会（部门）负责本行业标准的编制。

行业标准的代号用该行业简称拼音的首位字母组成。常见的行业标准代号有：

① 城镇建设行业产品标准：CJJ、CJJ/T；

② 住建部建筑工程行业标准：JGJ、JGJ/T；

③ 化工行业标准：HG、HG/T；

④ 石油化工行业标准：SH、SH/T；

⑤ 机械行业标准：JB、JB/T；

⑥ 石油天然气行业标准：SY、SY/T；

⑦ 电力行业标准：DL、DL/T；

⑧ 能源行业标准：NB、NB/T；

⑨ 气象行业标准：QX、QX/T。

3）地方标准，简称地标

地方标准由省、自治区、直辖市标准化行政主管部门制定，并报国务院标准化行政主管部门和国务院有关行政主管部门备案。地方标准在本行政区域内是强制性标准。如：

① 北京市地方标准，代号：DB11；

② 江苏省工程建设标准，代号：DB32、DGJ32。

4）企业标准，简称企标

企业生产的产品没有国家标准和行业标准的，应当制定企业标准，作为组织生产的依据。企业标准须报当地政府标准化行政主管部门和有关行政主管部门备案。已有国家标准或者行业标准的，国家鼓励企业制定严于国家标准或者行业标准的企业标准，在企业内部适用，如：

中国石油天然气集团公司企业标准，代号：Q/CNPC。

5）除了上述四个等级的标准外，还有一类标准，称为协会标准。协会标准是团体标准，分为技术标准和管理标准，在会员单位内推荐采用。其制定、修订和日常工作由相关协会负责，如：

① 中国工程建设标准化协会标准，代号是 CECS；

② 中国安装协会团体标准，代号是 T/CIAS。

（2）工程建设标准的选用

施工单位应根据自己的施工范围，及时收集相关标准信息和标准文本，随时掌握标准的变化、更新信息，动态掌握最新规范信息和文本。施工单位相关部门可建立本单位的常用规范目录，登录规范名称、代号等信息；安排专人定期查询相关网站，了解规范的更新、作废信息，并及时更新目录。目录应定期发送到项目部，使项目部技术人员及时了解规范最新版本信息，选择、使用最新版本的规范。

项目施工前，首先从招标文件、设计图纸中，明确工程所属的行业；从国家标准、行业标准、地方标准中，识别出适用于本安装工程的施工、质量验收（评价）标准；对比其中的相应条款，优选出最适合本工程的标准。

安装工程涉及的行业众多，建筑、化工、石油化工、电力等行业均有涉足。各行业有其特殊的建设、运行要求，执行本行业的标准规范。因此，项目部在施工前，应主动与业主、监理协商，明确本工程应执行的规范、标准。

3. 交工技术资料

交工技术资料是施工过程中形成的各类技术性文件、记录，如：施工策划性文件、物资验收记录、施工及检验记录、试验记录、隐蔽验收记录、工程验收记录等。交工技术资料是文件化的工程质量记录，是工程施工过程的真实反映，也是优质工程奖复查时的重要内容。因此，项目部在施工前，应主动与业主、监理协商，明确本工程交工技术资料目录清单及表格形式，明确单位工程、分部分项工程和检验批的划分，实现交工技术资料的前期策划。

不同行业的工程，采用不同的标准，而不同的标准，对质量、技术、施工工艺要求有所不同,要求形成的交工技术资料也有所不同。如建筑工程执行的验收标准为《建筑工程施工质量验收统一标准》GB 50300—2013，交工技术资料执行各地建设工程质量监督部门制定的验收资料表式。如江苏省执行《建筑工程施工质量验收资料》苏建质（2015）188 号。

4. 企业标准的建立与应用

安装工程涉及的标准、规范众多，有的专业要执行多种规范。如：建筑工程施工质量验收除执行《建筑工程施工质量验收统一标准》GB 50300—2013 外，还应执行各专业验收规范、专业技术规程、施工技术标准、试验方法标准、检测技术标准、施工质量评价标准等；专业施工技术规范要执行国家、行业标准；省、市有地方标准的也要执行。面对林林总总的规范，执行起来有一定的困难。因此，有一定技术实力的企业，可根据自己的技术水平、施工能力、装备情况，将各种规范进行汇总，形成本单位的企业标准。

企业标准是企业自行制定的，其质量要求应高于地方（行业）和国家标准指标。国家鼓励有能力的施工单位编制企业标准，并按照企业标准的要求控制每道工序的施工质量。

对创优目标明确的企业，可编制本企业的创优标准。在企业标准的基础上，将本企业的创新做法、过程控制经验等规范化；将高于地方（行业）、国家标准的质量要求数字化，编制有指导意义、切实可行、操作性强的创优标准。创优标准在指导工程创优过程中作用巨大，是工程一次成优的技术保障。因此，创优标准作为优质工程的策划性文件，在优质工程奖申报、复查时，成为获得优质工程奖的技术保障。

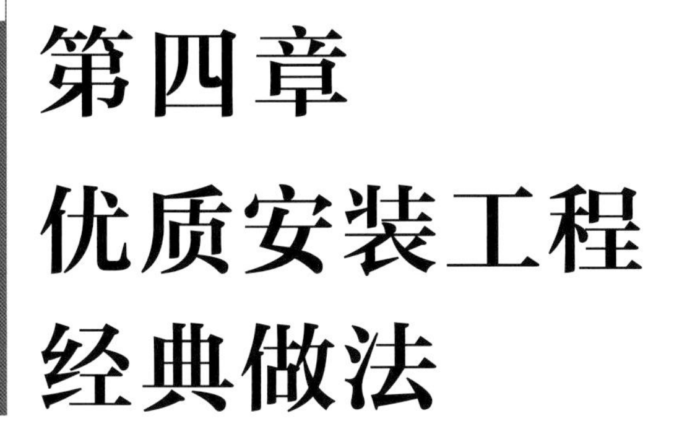

第四章 优质安装工程经典做法

目前，国优、省优等各级奖项的现场复查方式趋于一致。为在规定时间内完成复查任务，一般采取抽查方式；为全面了解工程安装质量水平，覆盖工程的全部典型施工面，一般抽查位置有屋面、标准层、避难层（设备层）、地下室（含各类机房）、建筑物四周等。为方便使用，本章按检查位置进行描述。

第一节　建筑给水排水及采暖分部工程

建筑给水排水及采暖分部工程由室内给水系统、室内排水系统、室内热水系统、洁具、室内采暖系统、建筑饮用水供应系统、建筑中水系统及雨水利用系统等构成。

1. 屋面

随着人民生活质量的提高，在保证工程质量的前提下，对建筑物的观感要求越来越高。施工单位应对屋面进行整体深化设计，达到最佳效果。在满足规范要求、使用功能情况下，合理选择装饰材料、搭配色彩，合理布局设备和管线，并进行美化、艺术加工，将各种元素融为一体，起到画龙点睛的效果，增强观感质量。

（1）关注项目

屋面上安装的设备、管道、排水口等。

屋面管道按照使用功能划分，有给水管道、排水管道（含透气管）、消防管道等。按照材质划分，有镀锌管、钢管（无缝钢管、螺旋管）、硬质聚氯乙烯（UPVC）、不锈钢管等。支架可采取门形支架、牛腿支架、一字形托架等。重点关注管道的安装质量、保温面层质量、支架形式、标识等。

透气管为排水管道的末端，重点关注透气管的形式、支架设置、金属透气管的接地等。

布置要点主要有以下几个方面：

① 高度：管线横管高度≥ 300mm。

② 位置：管线、设备位置不妨碍通行，不影响其他设备的运行（如排风与新风）。

③ 间距：设备排列整齐、间距满足安装、检修、操作要求。

④ 运行：热泵机组等设备间距满足热交换要求。

（2）屋面的整体效果、综合设计

按照装饰风格，屋面可分为种植屋面、瓷砖铺贴屋面、人造草坪屋面、地坪漆屋面等形式。不同种类的屋面深化设计时，应充分考虑机电管线、设备的安装需求，统一布局、统一设计。

1）种植屋面

将局部园林与大面积的瓷砖屋面统一设计，采用相同规格的透气管，并统一布局，屋面风格统一，协调、美观（图 4.1–1 ~图 4.1–5）。

图 4.1-1　局部种植屋面（非种植屋面区域）

图 4.1-2　局部种植屋面

（a）

（b）

图 4.1-3　透气管统一设置

图 4.1-4　裙楼种植屋面

（a）

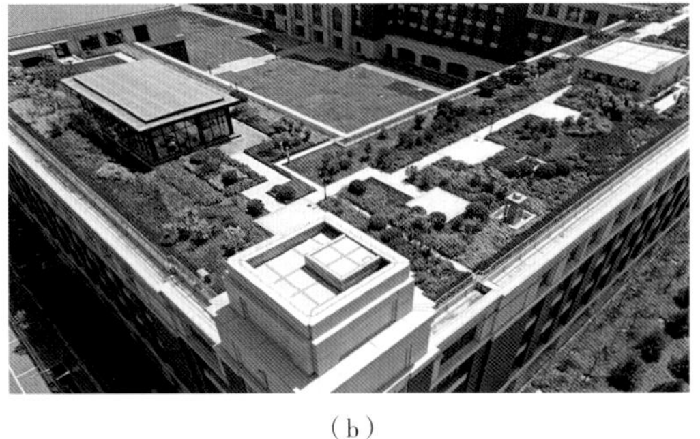

（b）

图 4.1-5　种植屋面与设备安装协调统一

2）瓷砖铺贴屋面

屋面坡度正确、排水畅通、地砖精心排布；泛水、滴水线、排气孔、支墩、落水口等细部考究美观耐用，使用至今无渗漏（图 4.1-6 ~ 图 4.1-15）。

3）人造草坪屋面

在屋面铺设人造草坪，营造草原景色。选择人造草坪时，应优选符合标准的产品，如：《体育用人造草》GB/T 20394—2019、《休闲用人造草坪》QB/T 5591—2021，并与设备、管线综合布置（图 4.1-16 ~ 图 4.1-19）。

图 4.1-6　排气管与散水

图 4.1-7　梁下滴水线

图 4.1-8　落水口细部

（a）

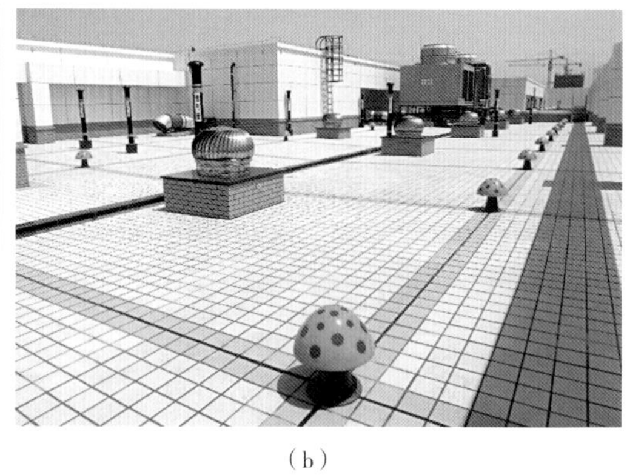

（b）

图 4.1-9　地面砖铺贴

图 4.1-10　马赛克阴角细部

图 4.1-11　风机安装

图 4.1-12　稳压设备安装

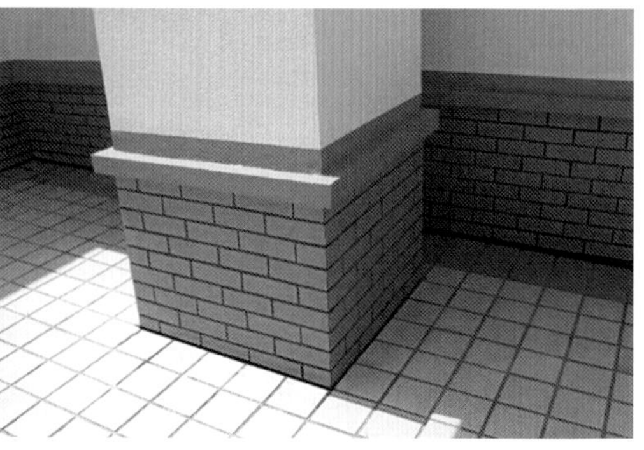

图 4.1-13　立柱贴砖与地砖通缝

图 4.1-14　雨水管接地、水簸箕

图 4.1-15　透气管帽蘑菇造型

图 4.1-16　草地、栈桥

图 4.1-17　细部特色

图 4.1-18　草地、橡塑跑道

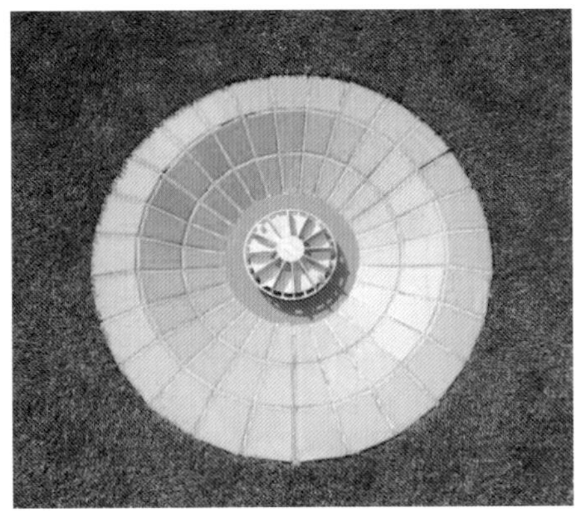

图 4.1-19　落水口特色做法

4）地坪漆屋面

利用不同颜色的地坪漆，进行屋面处理，简洁明快、节约费用，不失为一种明智的选择（图 4.1-20 ~ 图 4.1-22）。

（3）特色做法

① 管道透气管、透气孔。

图 4.1-20　灰色地坪漆与分隔缝处红色线条相得益彰

图 4.1-21　透气口特色做法

（a）

（b）

图 4.1-22　灰色地坪漆与红色线条在机房的应用

管道透气管、透气孔高度：上人屋面通气管 2m，非上人屋面 300mm 且大于最大积雪厚度，同一屋面高度一致。周围 4m 内有门窗应高出门窗 600mm，或引至无门窗处。通气管根部设置混凝土管墩，管墩表面素色、涂刷涂料或做面砖，管墩形式一致。采用新颖别致的造型，艺术化加工，在满足使用功能前提下，增加美感。

在满足上述规范要求的同时，采用新颖别致的造型，通过艺术化加工，在满足使用功能前提下，增加美感（图 4.1-23 ~ 图 4.1-26）。

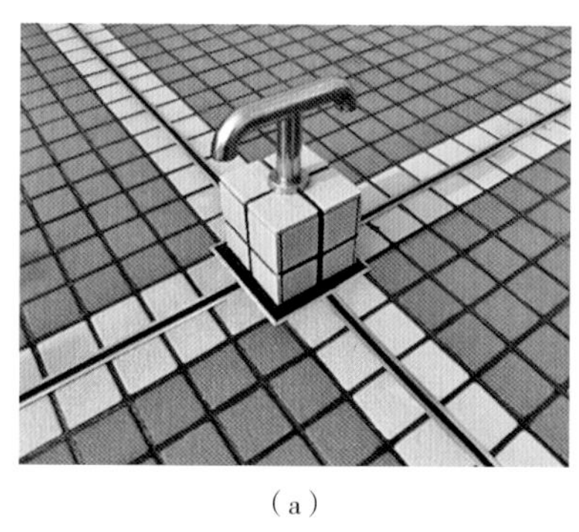

（a）

（b）

（c）

图 4.1-23　不锈钢管透气

（a）　（b）　（c）

图 4.1-24　石材透气帽

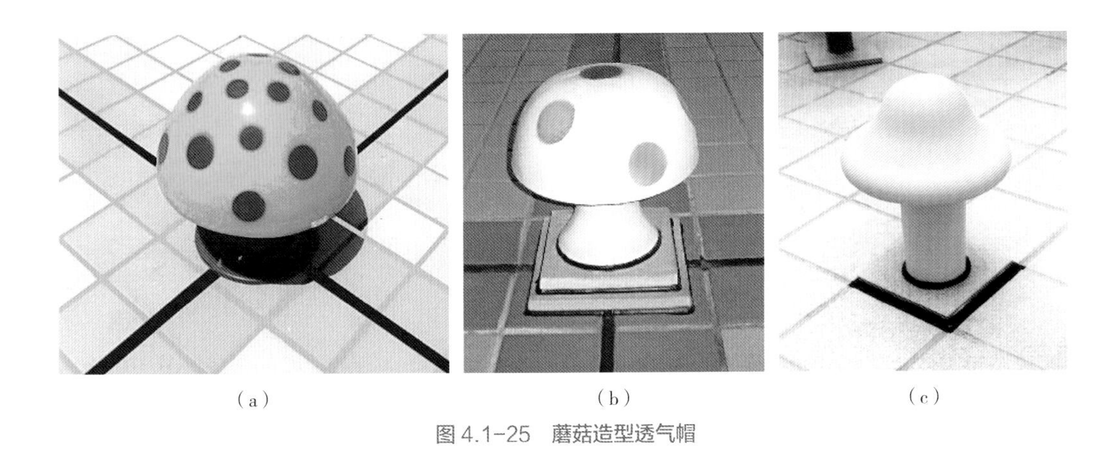

（a）　（b）　（c）

图 4.1-25　蘑菇造型透气帽

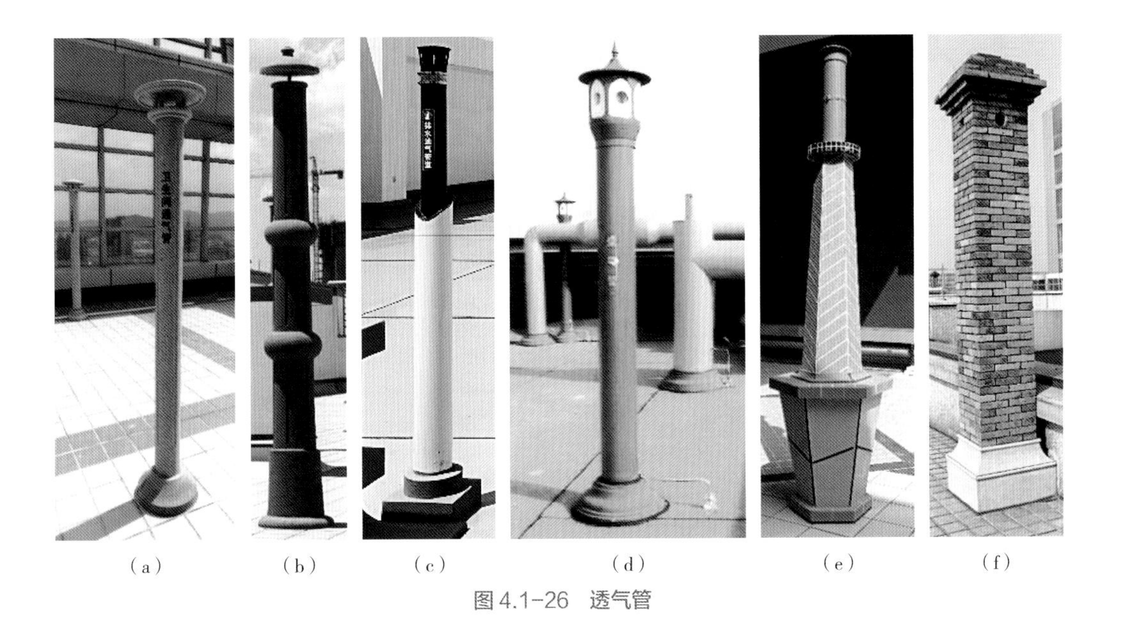

（a）　（b）　（c）　（d）　（e）　（f）

图 4.1-26　透气管

② 落水口、排水口：屋面雨水有侧排和直排两种，施工时要力求确保功能和美观，通过新颖的构思、精细的施工达到优质工程的目标（图 4.1–27）。

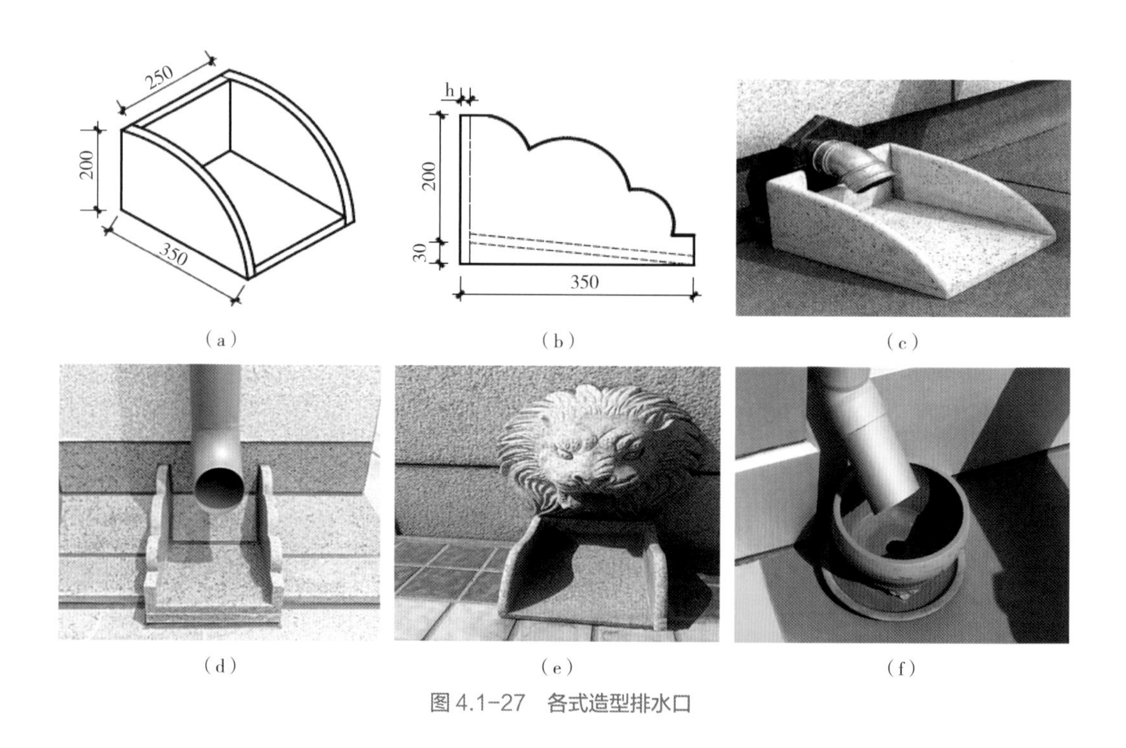

（a）（b）（c）（d）（e）（f）

图 4.1–27　各式造型排水口

落水口是屋面排砖时须合理规划的部位。落水口的排版图案有多种，如图 4.1–28 所示。瓷砖环形套割，同规格瓷砖圆形、放射状拼接。安装时，落水口周围 500mm 范围内找坡，坡度不小于 5%，铺贴饰面砖，落水口居中布置，并与屋面砖缝居中、对缝，实例如图 4.1–29 所示。重力排水落水口细部做法，见图 4.1–30。其他落水口做法，参见图 4.1–31。

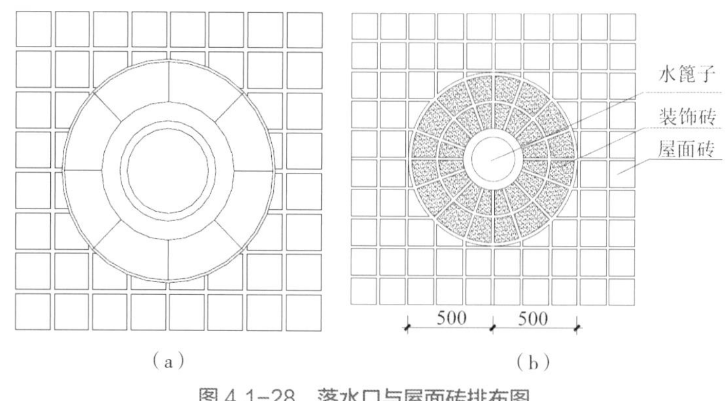

（a）（b）

图 4.1–28　落水口与屋面砖排布图

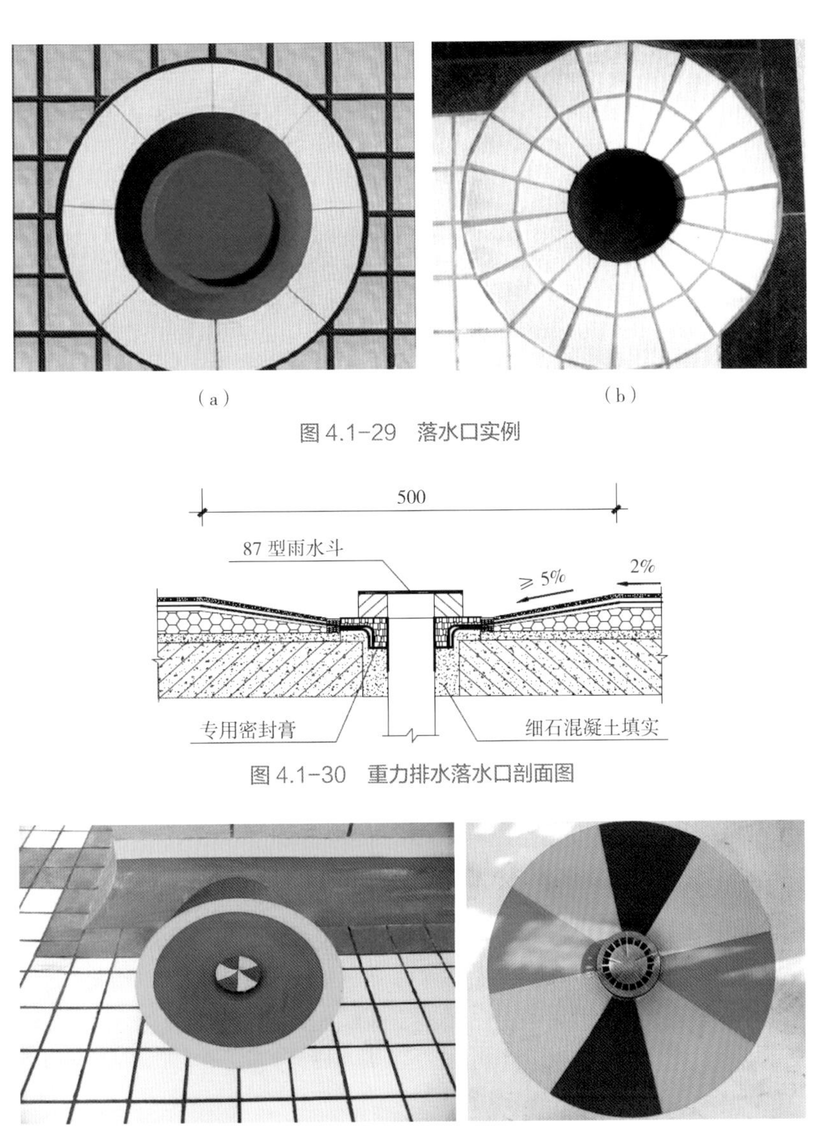

（a）　（b）

图 4.1-29　落水口实例

图 4.1-30　重力排水落水口剖面图

（a）　（b）

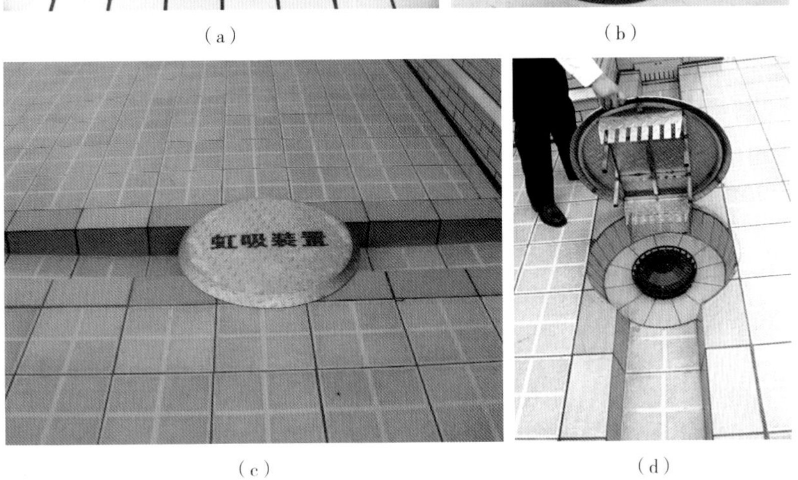

（c）　（d）

图 4.1-31　各式造型落水口

③ 管道：管道安装横平竖直，成排成线，支架间距设置合理；保温层金属壳牢固、密实，搭扣位置准确；支架底部支墩造型、色彩与四周环境一致；介质、流向等标识清晰。金属管道接地可靠（图 4.1-32 ~ 图 4.1-37）。

图 4.1-32　屋面保温管道架空做法

图 4.1-33　屋面消防管道做法

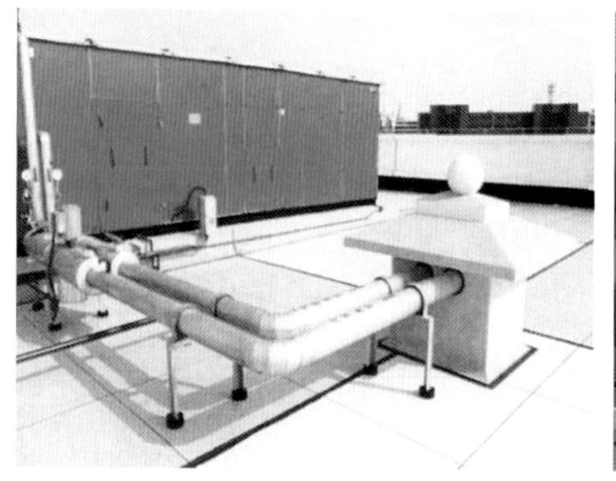

图 4.1-34　屋面管道进楼面做法

图 4.1-35　屋面消防管道保温、标识做法

图 4.1-36　屋面管道保温做法

图 4.1-37　阀门保温及标识做法

④ 管线保护：管线影响人通行时，可用混凝土砌筑或钢（木）材制作行人过桥（图 4.1-38 ~ 图 4.1-41）。

图 4.1-38　石桥做法

图 4.1-39　铁艺桥做法

图 4.1-40　石拱桥做法

图 4.1-41　木桥做法

⑤ 试验消火栓：规范设置压力表；室外消火栓做好保温。

2. 标准层

标准层是主要功能的体现区域，是观感质量的最佳表现区域。标准层数量多、范围广，检查时，采取抽查的方式。标准层应重点关注：

① 使用功能满足设计、使用需要；

② 满足标准规范要求，无违反强制性条文，无安全隐患；

③ 应进行深化设计，优化设计方案，达到最佳使用效果；

④ 和土建、装饰等配合，进行综合设计，优化管线布局；

⑤ 注重创优策划，提高质量标准，注重观感质量；

⑥ 注重封堵、接地、支架等细节部位；

⑦ 引入当地文化元素，综合运用色彩搭配，营造亮点。

（1）关注项目

走廊内管道（含吊顶内）、房间内管道及末端设备、各类管道井等。

走廊内管道（含吊顶内）：走廊上部空间是各类管线的集中通道。不同介质、不同材质、不同用途的管线在走廊内集中。布置原则：先大后小、先无压后有压、水电分设、电上水下、风上水下、保温上非保温下等。支架可采取组合支架、门形支架、牛腿支架、一字形托架等。重点关注管道的综合布置、安装质量、保温面层质量、支架形式、标识、封堵及沉降缝处的处理等。

末端设备：洁具、排水口、取暖设施、消火栓箱等。重点关注卫生间的统一设计、有序排水的设置、排水设备的安装质量、消火栓箱的形式、位置及安装质量、标识等。

管道井布置要点：①根据管井结构布置管道位置，原则上大管在里小管在外；有阀门、补偿器的靠外；不需经常检修和维护的靠里；有支管的考虑支管走向的顺畅；②间距，根据保温厚度、套管规格及阀件确定，还要考虑检修、操作方便；原则上成排管道间距一致；③支架，优先采用共用支架，形式、标高统一。

安装要点：①支架，采用共用支架卡箍固定管道，保温管衬绝热垫木；支架高度一致；②部件，阀门、补偿器等部件安装高度应便于操作、检修；③套管，高出楼板的高度一致，套管与管道之间缝隙封堵严密；④界面处理，管道穿越楼板处设护口，下部套管处可做挡水墩；⑤标识，管道介质、流向标识清晰。

（2）重点关注的问题

1）走廊

走廊吊顶内各类管道暗管明做，成排成线，管件连接处处理细致；支吊架形式一致、设置合理，管道表面整洁，保温层密实，表面平整（图 4.1–42、图 4.1–43）。

图 4.1–42　吊顶内喷淋管道做法

图 4.1–43　吊顶内消防管道做法

吊顶内管线为隐蔽工程，施工时，容易忽视。如图 4.1-44（a）所示，喷淋管末端只用铁丝固定；螺纹连接处，麻丝外露。如图 4.1-44（b）所示，喷淋管末端只用通丝固定；吊顶内建筑垃圾未清理。

（a）

（b）

图 4.1-44　吊顶内喷淋管道错误做法

2）卫生间、盥洗间

卫生间是洁具、各类管线末端的集中处，是给水排水专业检查的重点。

① 卫生间：地面用砖、台阶用砖、墙面用砖、吊顶扣板宽度一致，排砖准确，地面缝、墙面缝与吊顶缝成一线，天地合一；地面砖、墙面砖与吊顶扣板色彩搭配合理。

洁具安装高度：洗脸盆（台面）800mm、坐式大便器 400mm、挂式小便器 600mm。单独器具坐标、标高允许偏差 10mm、15mm，成排允许偏差 5mm、10mm；水平度允许偏差 2mm，垂直度允许偏差 3mm。卫生器具安装牢固、平稳、完好，与墙地砖接合处打胶美观。暗装配管时预留尺寸正确，连接自然。与地面砖一起设计，整体电脑排版。洁具居中布置，搭配马赛克花边、彩色胶条等装饰，整体美观、大方、实用。

② 地漏布局及放坡：设置在易溅水的器具附近及地面最低处，同时不影响人的行走、站立。地漏的安装要配合土建装修，与地面砖一起设计，整体电脑排版。地漏可设计在一块地砖中心或地砖缝处；地漏形状根据整体布局设计，美观实用；卫生间必须有放坡（土建施工，利于排水），地漏 500mm 内设计放坡，更有利于局部排水。

③ 盥洗间：洗手间台面安装正确，标高 800mm，台盆间距合理，水嘴位置准确，落水 P 式弯头排列整齐，标高一致。

如图 4.1-45 ～图 4.1-48 所示，卫生间统一布局，面砖排砖合理美观，套割精细，粘贴牢固、无空鼓，缝隙均匀，做到了“五居中，四对齐”。

如图 4.1-49、图 4.1-50 所示，卫生间面砖留缝镶贴，排列规范、整齐、套割严密，墙地砖通缝，300 条阳角 45° 碰肩无缺棱。地面坡向正确，无积水。洁具安装牢固，位置居中排列，整齐划一，涂胶严密，使用功能完好。蹲台周边大理石套割，防滑槽布置合理。

图 4.1-45　卫生间面砖墙地对缝

图 4.1-46　洗手盆排水管 S 弯方向一致

图 4.1-47　洁具居中布置

图 4.1-48　特色造型地漏居中布置

图 4.1-49　砖缝天地合一做法

图 4.1-50　洁具对缝布置

如图 4.1-51 ~图 4.1-61 所示，各类洁具的做法应统一策划，同类洁具采用相同做法；在满足使用功能的基础上，力争做成工程的亮点。

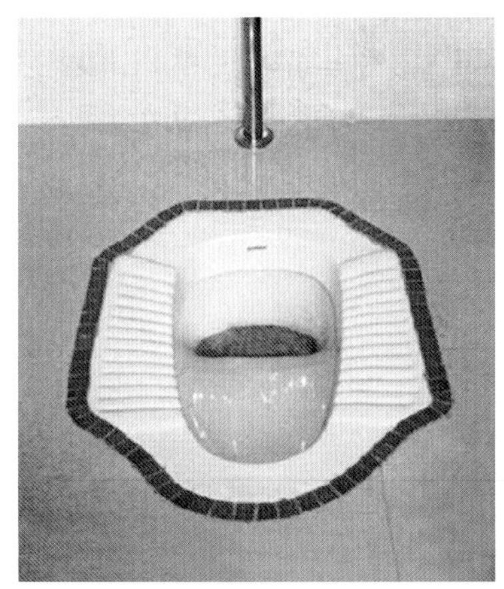

图 4.1-51　居中、镶边做法

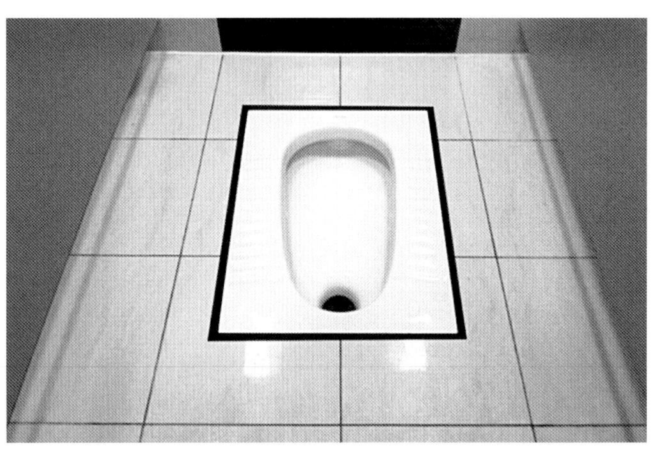

图 4.1-52　四周打胶做法

（a）

（b）

图 4.1-53　无障碍卫生间做法

图 4.1-54　小便斗居中安装做法

图 4.1-55　成排器具间距、标高一致

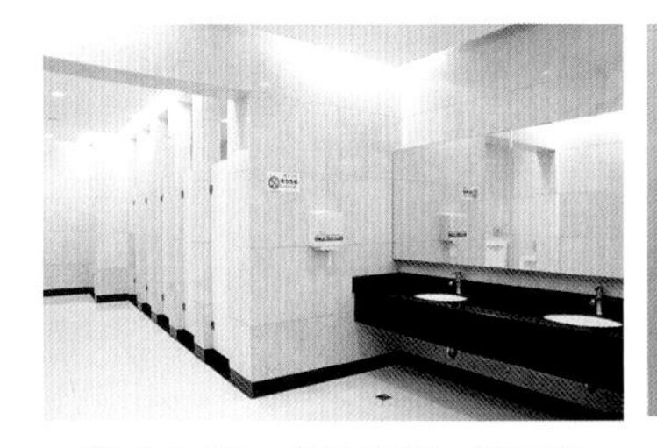

图 4.1-56　整体布局、地漏设置做法

图 4.1-57　洗手台、地漏做法

图 4.1-58　石材地漏设置做法

图 4.1-59　瓷砖放坡地漏做法

图 4.1-60　水嘴、台盆、排水 P 式弯头做法

图 4.1-61　排水管 S 弯做法

3）各类管道井

管道安装质量、支架形式及间距、固定支架设置、管道穿楼板处的封堵、阻火圈的正确使用、介质、流向标识（图 4.1-62 ～图 4.1-67）。

管道穿楼板根部应设套管或护墩，套管与管道之间应做防火封堵，顶部齐平光滑，设装饰圈。如图 4.1-68 所示。

图 4.1-62　管道护圈、标识做法

图 4.1-63　管道穿楼板套管、防火封堵做法

图 4.1-64　PVC 管阻火圈做法

图 4.1-65　水表保温、管件、标识做法

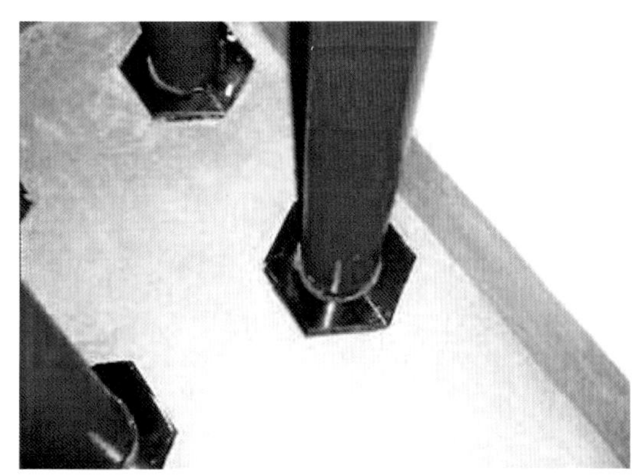
图 4.1-66　管道穿楼板套管、防火封堵、装饰

图 4.1-67　保温水管穿楼板做法

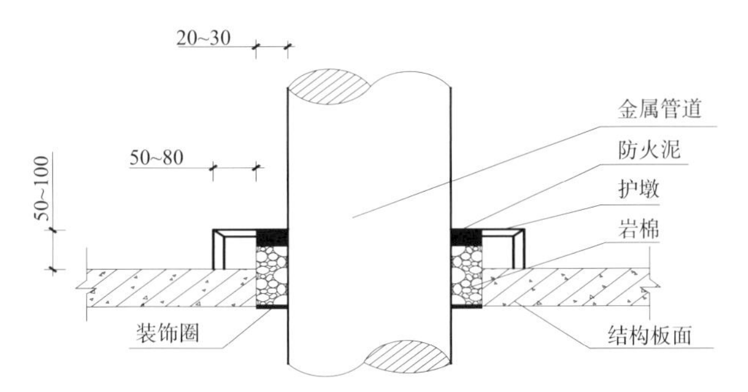

图 4.1-68　管道穿楼板处做法

4）消火栓箱

消火栓口离地高度 1.1m；单个消火栓不应安装在消防箱门轴侧；消火栓口处静水压力≤ 0.8MPa、出水压力≤ 0.5MPa；消火栓箱安装完毕后封闭多余孔洞及孔洞缝隙；采用石材等装饰材料的消防箱门应开启灵活，角度满足要求（120°），并有限位装置；箱门根据装饰效果设计；箱门上有显著标识，并有使用说明；使用效果好，观感效果强（图 4.1-69 ~图 4.1-71）。

图 4.1–69　消火栓箱与石材幕墙一体化施工

图 4.1–70　消火栓箱门做法

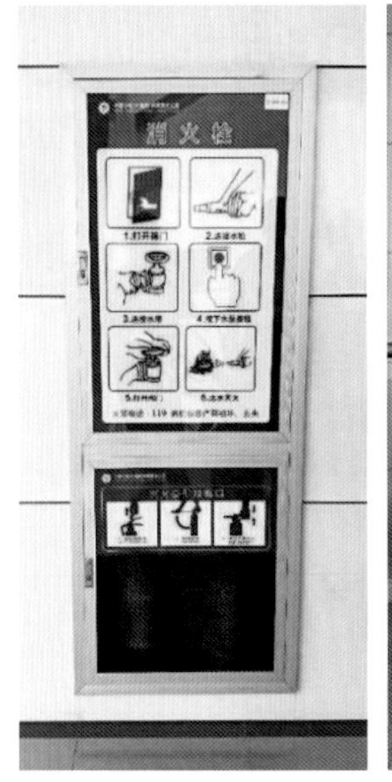

（a）

（b）

（c）

图 4.1–71　消火栓箱做法

5）各类末端设备

吊顶上，各类末端设备统一布局，居中布置，成排成线；弧形走廊内，各类末端设备沿弧线设置，弧度与建筑物的弧度一致（图 4.1–72）。

3. 地下室、车库

（1）关注项目

各类管线、末端设备的安装质量。

地下室管线按照使用功能划分，有：给水管道、排水管道、蒸汽管道、冷凝水管道、冷却水管道、消防管道、直饮水管道、中水管道等通用型管道及专用管道。专用管道因

图 4.1-72　末端设备做法

建筑物的功能而异，如医院有氧气管道、吸引管线、压缩空气管道等。按照材质划分，有：镀锌管、钢管（无缝钢管、螺旋管）、不锈钢管、铜管、铝塑复合管、硬质聚氯乙烯（UPVC）、聚丙烯管、铸铁管等。支架可采取组合支架、门形支架、牛腿支架、一字形托架等。重点关注管道的安装质量、保温面层质量、支架形式、管道交叉、标识、封堵及沉降缝处的处理等。

地下室末端设备：消火栓箱、排水沟（口）及排水设备等。重点关注消火栓箱的形式、位置及安装质量，有序排水的设置、排水设备的安装质量、标识等。

（2）重点关注的问题

房建工程的地下部分层数越来越多、面积越来越大，形状越来越怪异。地下室有两大基本功能：各类设备用房、停车场；个别商业建筑的地下室设有商业。

地下室管线要满足停车场自身需要，同时，从设备用房到各个管井的技术走廊上部敷设各类管道，是整栋建筑各类管线的枢纽。地下室内建筑给水排水及采暖管线种类多、管径大、交叉多、安装有效空间有限；大量穿越消防分区、墙、楼板及沉降缝；随异形结构设计管线走向，安装难度增大。因此，地下室内管道是管线综合布置技术应用的关键，如果策划得当，注重观感质量，将成为本分部的最大亮点，否则，会成为工程的最大败笔。

由于地下室管线难点、特点、亮点突出，且管道基本外露，检查方便，因此，这部位成了管道安装复查的重点。

① 管线综合布置：宜采用 BIM 技术进行管线排布优化设计，解决设备管线的位置冲突和标高重叠。通过该技术的使用，可以更合理地对管线进行布置，设定各类管线的相互位置关系、交叉节点的结构形式，从而找出最理想的管线布置方式，避免管线冲突。

管线的位置关系、坡度、交叉节点是管线综合布置的重点。如：

a. 给水管道的坡度给水管道应有 0.2% ~ 0.5% 的坡度，坡向泄水装置。

b. 冷、热水管道安装上下平行安装时，热水管应在冷水管上方；水平或垂直平行安装时，热水管应在冷水管左侧。

② 异形结构的管线设计：在满足使用要求的前提下，管线宜随建筑物形状而定，增强观感效果。

③ 管道安装质量：重点检查管道坡度设置、管件连接处安装质量、焊接质量、管道支架形式及间距、管道保温层的外形、严密性等。

④ 穿越消防分区、墙、楼板及沉降缝：管道穿过地下室或地下构筑物的外墙时，应采取防水措施，有严格防水要求的建筑物，必须采用柔性防水套管；管道穿越消防分区时，应做好防火封堵；穿越普通墙、楼板时，应做好封堵；穿越沉降缝时，应采用柔性接头；

⑤ 末端设备：消火栓箱、末端试水装置的安装位置及防护措施正确。

⑥ 标识：管道介质标识、流向标识、阀门开启状态标识等应设置在明显位置。

（3）经典做法解读

1）地下室管道综合布置效果（图 4.1–73 ～图 4.1–77）

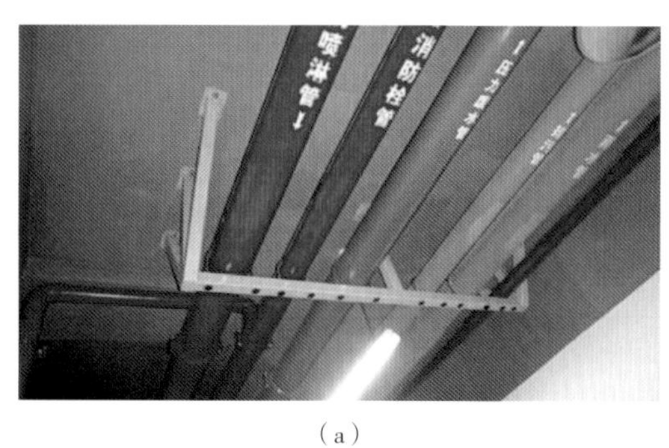

（a）

（b）

图 4.1–73　地下室管线综合布置

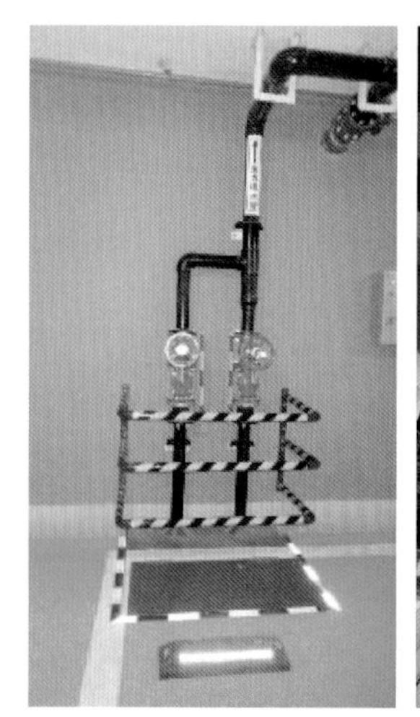

图 4.1–74　集水坑及排污管

图 4.1–75　地下室管道综合效果

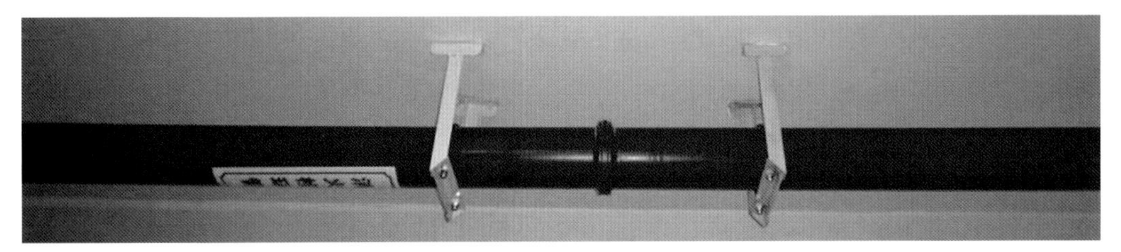

图 4.1-76　卡箍连接

图 4.1-77　地下室消防管道综合效果

通过二次设计、综合布局，管线沿建筑圆弧等距排列，使复杂的管线布局美观、整齐划一。管线分色巧妙、标识清晰，运行可靠（图 4.1-78、图 4.1-79）。

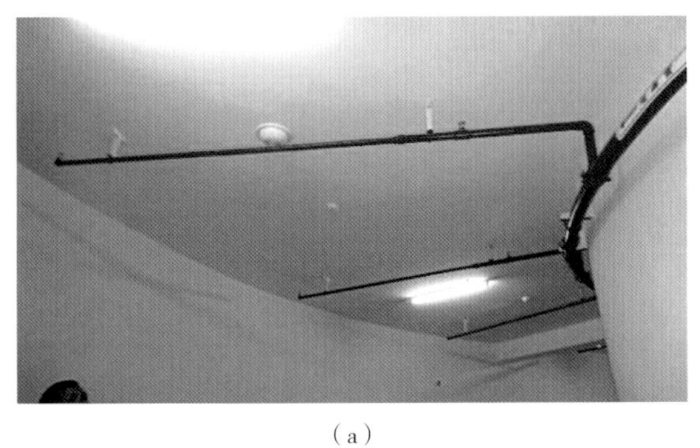

（a）

（b）

图 4.1-78　弧形坡道内弧形管道综合效果

（a）

（b）

图 4.1–79　地下室弧形管道综合效果

2）细部做法

① 管道穿越沉降缝。

在地下室，不同建筑物之间、塔楼与裙楼之间，为了克服不均匀沉降，均需设置沉降缝。地下室管道不可避免要穿越沉降缝。为了克服沉降缝处不均匀沉降带来的影响，管道应设置柔性短管，并在沉降缝两侧最小距离处设置固定支架（图 4.1–80 ～图 4.1–82）。

（a）

（b）

图 4.1–80　地下室管道过沉降缝处做法

图 4.1–81　管线穿变形缝处理合理

图 4.1–82　综合支架，安装规范

② 末端试水装置。

末端试水装置，设置于喷淋系统最远端最不利水压处，用于测试管网压力、系统工作状况。在管道的端部，必须安装试水接头，如图 4.1-83 所示。在未设计排水管的情况下，通过加装排水软管，实现末端试水装置的功能，如图 4.1-84 所示。

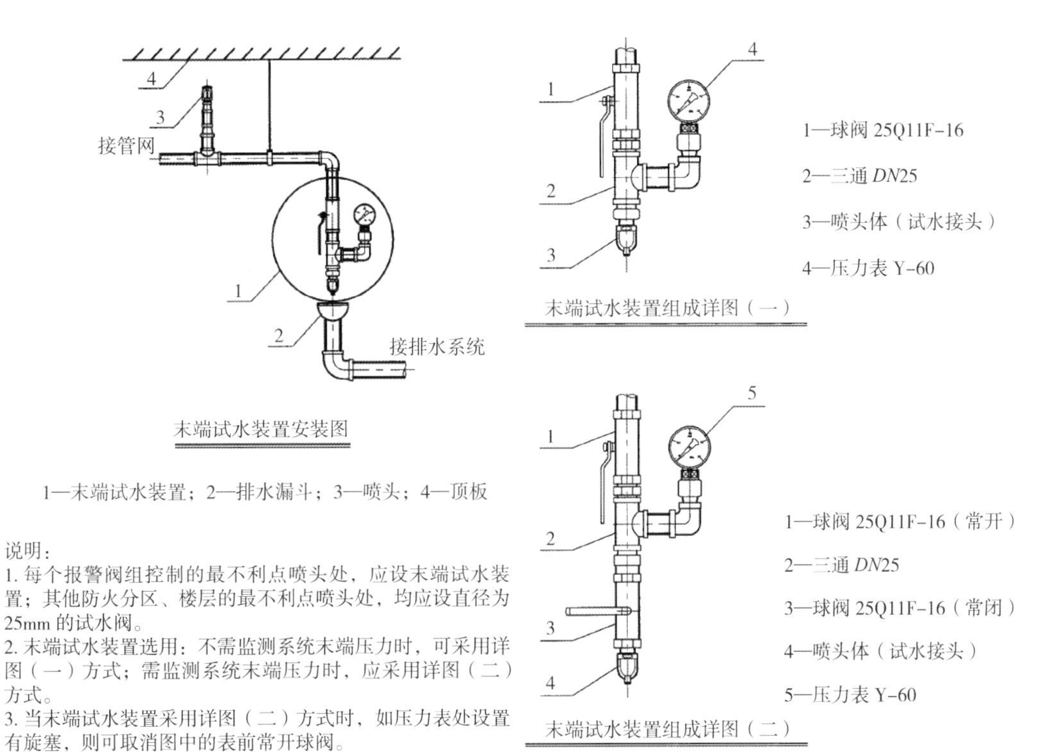

图 4.1-83　末端试水装置示意图

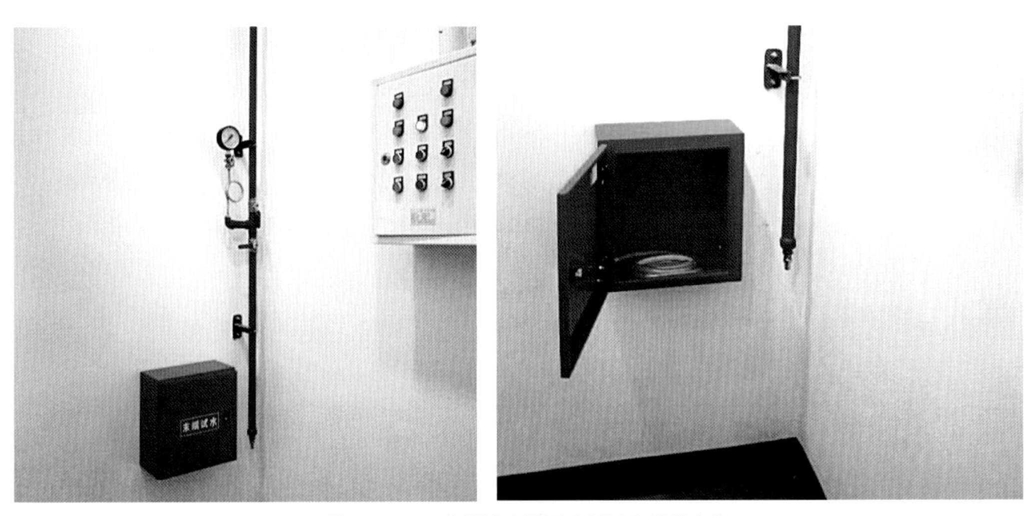

图 4.1-84　末端试水装置（采用软管排水）

③ U 形管道卡环。

选择 U 形管道卡环时，应注意与管道外径的匹配；卡环固定螺栓孔应保证管道顺直且居卡环中间，卡环与管道应接触紧密。碳钢卡环与不锈钢管、铜管连接固定时，卡环应套塑料保护软管，管道与碳钢支架间接触面应垫与角钢同宽的隔离橡胶垫。卡环端部外露支架的螺栓宜采用双螺母固定，为增加观感，可采用圆头螺母收头，如图 4.1–85 所示。

④ 保温管道扁钢卡环。

保温管道应按管道外径选择木托，木托的厚度应大于保温层厚度。扁钢卡环应与木托同宽，外形按木托进行选择、加工，并与固定螺杆满焊连接。安装时，螺杆与支架应垂直，扁钢卡环端部与支架宜留有 5 ~ 8mm 收缩余量，卡环端部外露支架的螺栓宜采用双螺母固定，为增加观感，可采用圆头螺母收头，如图 4.1–86 所示。

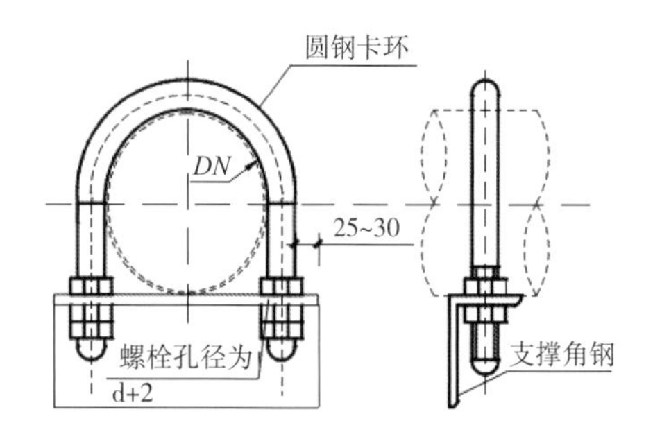

图 4.1–85 U 形管道卡环

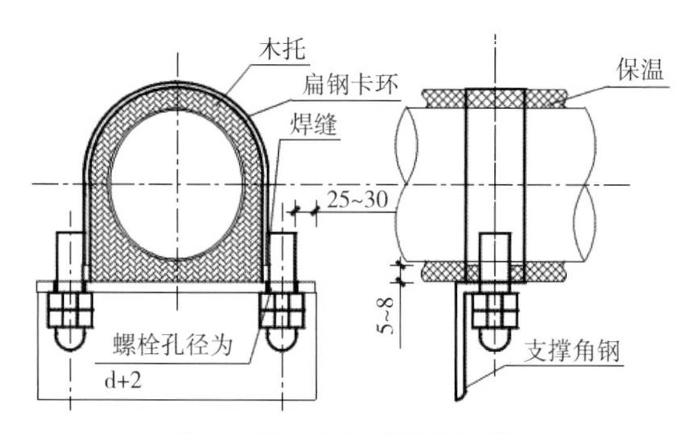

图 4.1–86 保温管道扁钢卡环

4. 设备（设备间）

各类水泵房、锅炉房的安装。

（1）关注项目

基础处理、排水沟设置、设备安装质量、设备接地、电机接线、电缆套管接地跨接、设备减振降噪、管道安装质量、风管安装质量、配电箱柜及电缆槽盒、标识等。

（2）重点关注的问题

① 设备安装质量：设备观感质量好，表面油漆光亮；运行平稳、无异响；安装端正、牢固，减振装置齐全有效；其轴线、标高、同轴度误差不超过规范要求（图 4.1–87 ~ 图 4.1–90）。

② 基础处理：隔振垫、减振器等缓冲垫块不应埋入混凝土中。

③ 排水沟设置：各类水泵房、锅炉房、冷冻机房应设排水明（暗）沟、排污口、溢流口等；设备基础四周应设排水沟，并接入排水明（暗）沟，做到有序排水（图 4.1–91）。

图 4.1-87　一体化给水设备做法

图 4.1-88　给水设备做法

图 4.1-89　立式消防泵做法

图 4.1-90　卧式消防泵做法

④ 设备接地：旋转设备、电机外壳应做接地处理（图 4.1-92）。

⑤ 电机接线：在电机旁应设置金属电缆保护管；保护管至电机接线盒间应装设保护软管；保护管至电机接线盒间应设接地跨接线（图 4.1-92）。

图 4.1-91　消防泵排水沟做法

图 4.1-92　消防泵接线、接地做法

⑥ 管道安装质量：重点检查进水管坡度、泵进出管口处可曲挠橡胶接头安装位置、管道支架形式及间距、管道保温层的外形、严密性等。

⑦ 风管安装质量：外观质量、风阀安装质量、支吊架形式及间距等。风管表面应平整、无损坏，风管连接以及风管与设备或调节装置连接无缺陷；在运行中不得产生噪声。

⑧ 配电箱柜及电缆槽盒：配电箱柜上方不应设置水管，或采取可靠的防水措施；设备配电应有防止水进入设备的措施；箱柜及槽盒接口等处的接地跨接、封堵措施等。

⑨ 标识：设备标识、介质标识、流向标识、阀门开启状态标识等应设置在明显位置。

（3）经典做法解读

1）有序排水做法

有水设备基础四周，应设置导流槽，与设备间排水沟相通，设备泄水、冷凝水、冲洗用水通过导流槽，有序流入排水沟，避免在设备间内乱淌（图 4.1–93、图 4.1–94）。

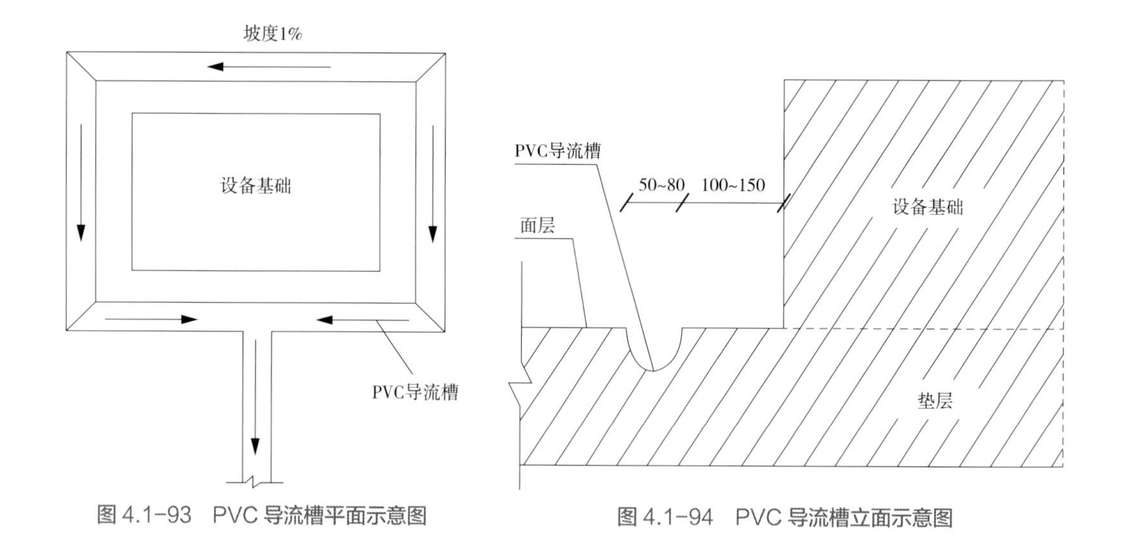

图 4.1–93 PVC 导流槽平面示意图　　图 4.1–94 PVC 导流槽立面示意图

2）设备安装

水泵就位时，水泵中心轴线应与基础中心线重合，并找平找直；水泵吸入口处应有不小于 2 倍管径的直管段，吸入口不应直接安装弯头；水泵入口处，管道变径应做偏心变径管，管顶上平；水泵出入口处应设置可曲绕软接头，不宜采用金属软管；水泵出入口管段上管件应按秩序安装（图 4.1–95、图 4.1–96）。

3）管道弯头保温层保护壳

管道弯头处，做保温壳时，应按虾弯方式制作。

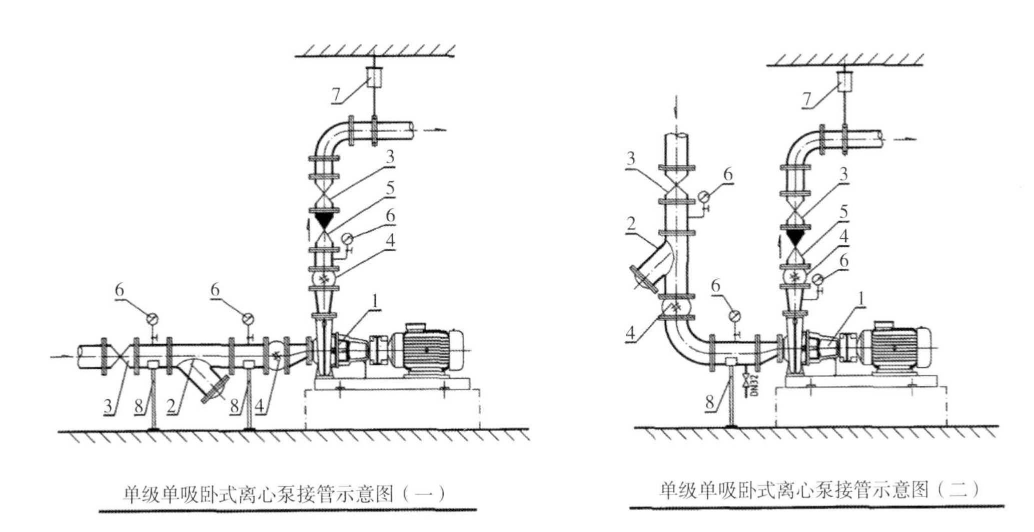

注：1. 本图仅表示卧式离心式水泵进出水管基本接管形式。设计允许时，也可使用煨弯。
2. Y 型过滤器可由设计人员决定是否安装（或根据实际情况选用其他过滤器或除污器）。安装时应确保能抽出滤芯，便于清洗或检修。
3. 压力表型号及安装位置由设计人员根据实际情况确定。

图 4.1-95　卧式水泵接管示意图

1—水泵（含电机）；2—Y 型过滤器；3—阀门；4—可曲绕接头；5—止回阀；6—压力表；7—弹性吊架；8—弹性托架

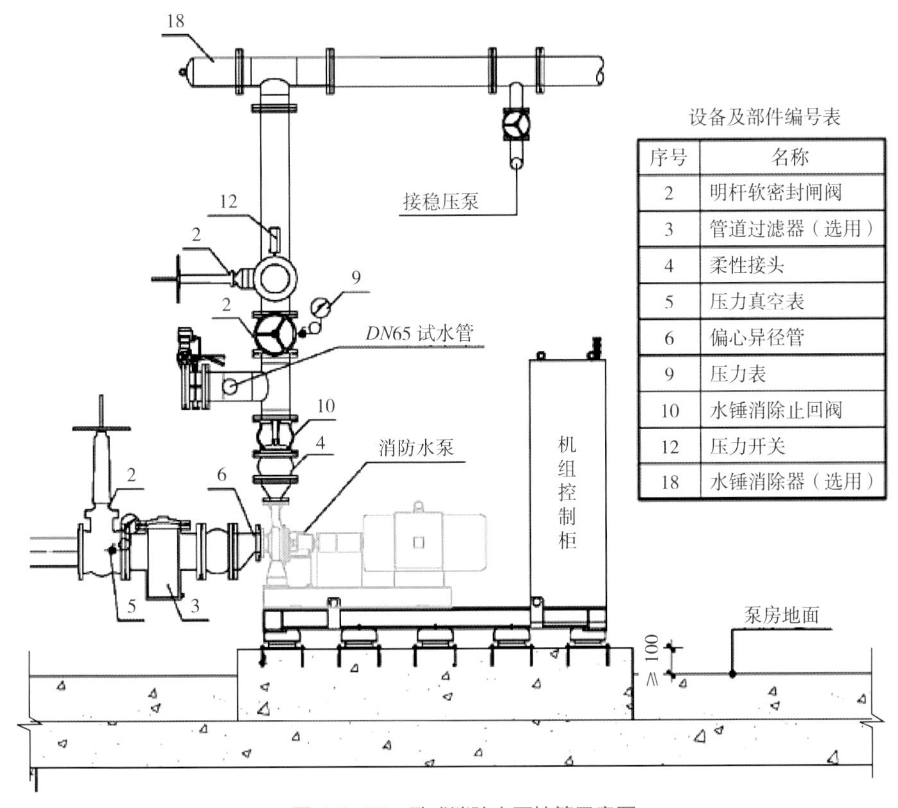

设备及部件编号表

序号	名称
2	明杆软密封闸阀
3	管道过滤器（选用）
4	柔性接头
5	压力真空表
6	偏心异径管
9	压力表
10	水锤消除止回阀
12	压力开关
18	水锤消除器（选用）

图 4.1-96　卧式消防水泵接管示意图

制作时，测量保温面层直径及弧长，从距弧线端向外 10 ~ 15mm 处计算虾弯长度。根据管径不同，确定虾弯组成节数，按表 4.1-1 选用。

表4.1-1　不同管径虾弯组成节数表

序号	管道直径（mm）	节数（个）	备注
1	小于 150	4（45° 拼接）	
2	150 ~ 200	9	
3	250 ~ 300	11	
4	300 以上	13	

按照虾弯内弧总长度平均分配，确定每个虾弯组成节的尺寸进行下料。安装时，每个虾弯从上到下或从左到右咬口方向应一致，虾弯要过渡自然、圆滑平顺，咬口严密无折皱，接缝处应位于水平线向下 0° ~ 45° 位置、上压下，顺水；成排虾弯接缝方向一致，每个虾弯组拼节在接缝处不少于两个锚固点（图 4.1-97 ~ 图 4.1-99）。错误做法如图 4.1-100、图 4.1-101 所示。

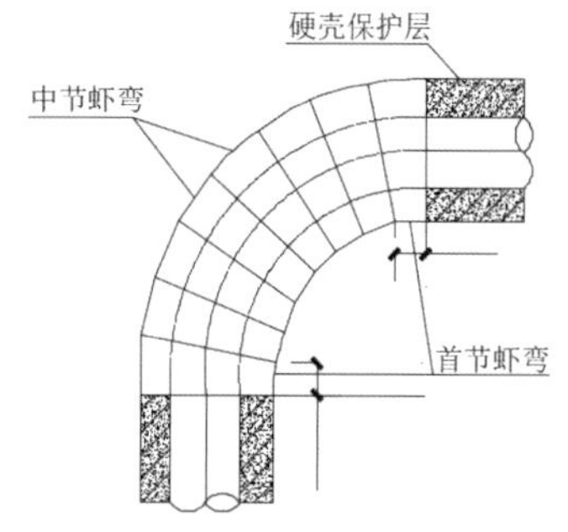

图 4.1-97　管道弯头保护壳虾弯示意图

图 4.1-98　管道弯头保护壳虾弯做法

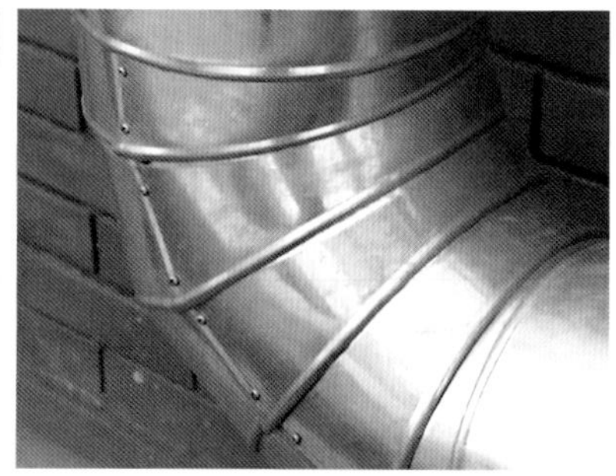

图 4.1-99　保温壳咬口严密、搭接位置正确

图 4.1-100　保温壳咬口不严密、搭接位置错误

图 4.1-101　保温壳弯头直角设置

5. 建筑物四周

（1）关注项目

消防管道接驳器、排水立管等。

（2）重点关注的问题

消防管道接驳器周围应设消防道路，便于消防车辆靠近。消防管道接驳器应设明显标识，方便查找、使用；应采取防冻措施，预防冬季冻坏（图 4.1–102 ~ 图 4.1–104）。

图 4.1–102　地下消防接合器（双井设计、井壁瓷砖镶贴、井壁及井盖保温）

图 4.1–103　地下消防接合器标识牌

图 4.1–104　地上消防接合器

第二节　通风与空调分部

1. 屋面

（1）关注项目

屋面上安装的各类通风设备、制冷设备、风管等。

屋面常见设备有：风机、冷水机组、冷却塔等。重点关注设备的安装质量、设备接地、电机接线、软接头的设置、进入楼层的方式等。

（2）重点关注的问题

设备、管道的综合布置，保证符合图纸和规范要求，满足功能使用，力求美观（图 4.2–1、图 4.2–2）。

图 4.2–1　风机、VRV 机组与种植屋面环境协调共荣

图 4.2–2　风机与屋面瓷砖综合布置

屋面设备：

① 基础处理：隔振垫、减振器等缓冲垫块不应埋入混凝土中。

② 设备安装质量：复查时，重点检查设备外表、运行是否平稳、是否有异响。各种设备安装应端正、牢固，隔震装置齐全有效；设备运行平稳可靠，其轴线误差不超过规范要求。

③ VRV 机组等设备数量较多时，应进行综合设计，采取共用基础、设备分区就位等形式，使设备成排成行、整齐划一。电缆、铜管集中布设于线槽内，电缆保护管、铜管套管成型一致，美观、实用。共用金属槽钢基础，进行有效接地（图 4.2–3、图 4.2–4）。

图 4.2–3　VRV 机组安装在钢结构平台上

图 4.2–4　冷媒管采用槽盒保护、钢结构接地

④ 设备接地：旋转设备、电机外壳、屋面静止设备（金属外壳）等均应做接地处理。

⑤ 电机接线：在电机旁应设置金属电缆保护管，管口朝下；保护管至电机接线盒间应装设保护软管；保护管至电机接线盒间应设接地跨接线。

屋面常见设备、管线的特色做法：

冷却塔成排布置，美观、使用效果好，管道安装顺直，如图 4.2-5 所示。

为减少冷却塔运行噪声对旁边住户的影响，设置排风口，排风方向为远离住户的方向。如图 4.2-6 所示。为增加屋面上行人的舒适感，将排风口设置在 2m 以上，如图 4.2-7 所示。为较少树枝、树叶等大体积、轻质量物体造成的风口堵塞，将过滤网安装在斜面上，如图 4.2-8 所示。电机接线的标准做法，如图 4.2-9 所示。

⑥ 室外立管的固定拉锁严禁拉在避雷针或避雷网上（图 4.2-10）。

2. 标准层

标准层的风管、冷水管等，大部分隐蔽在吊顶内，复查时，只能看到风口、控制面板等末端设备。

图 4.2-5　冷却塔及管道安装

图 4.2-6　冷却塔噪声控制（排风口方向）

图 4.2-7　屋面风机做法

图 4.2-8　屋面风机、防护网做法

（a）

（b）

图 4.2-9　电机接线做法

图 4.2-10　室外立管做法

（1）关注项目

各类空调送回风管、排风管、消防排烟风管及附件制作安装；支吊架制作安装，风口安装，风管保温；VRV 室内机等。

空调供回水管道安装、支架制作、阀门安装、管道保温等。

（2）重点关注的问题

① 风管柔性短管的接合缝应牢固和严密，且不宜作为异径管使用。沉降缝处应设置柔性短管。空调风管的柔性短管应采用保温软管。

② 在风管穿过需要封闭的防火、防爆的墙体或楼板时，应设预埋管或防护套管，风管与防护套管之间，应用不燃且对人体无危害的柔性材料封堵。

③ 风口外表装饰平面应平整光滑，无明显的划伤和压痕，颜色应一致，无花斑现象。风口与风管接口应严密、牢固，与装饰面相紧贴；表面平整、不变形，调节灵活、可靠。条形风口的安装，接缝处应衔接自然，无明显缝隙。同一厅室、房间内的相同风口的安装高度应一致，排列应整齐（图 4.2–11、图 4.2–12）。

图 4.2–11　VRV 室内机居中布置

图 4.2–12　风口对称布置

④ 风管系统部件的绝热，不得影响其操作功能。风管保温遇到调节阀时，要注意留出调节转轴或调节手柄的位置，并标明启闭位置；调节阀应操作灵活、方便。绝热层的纵、横向接缝应错开；不得出现十字交叉的接缝，拼接用粘结材料填嵌饱满密实、均匀整齐、平整一致。

⑤ 排烟风口、正压送风口处的百叶。应注重安装方向（图 4.2–13、图 4.2–14）。

图 4.2–13　走廊排烟风口，百叶 45° 朝上

图 4.2–14　电梯前室正压送风口，叶面 45° 朝下

⑥ 吊顶内空调水管道、风管，暗管明做，注重观感质量（图 4.2–15、图 4.2–16）。

⑦ 管道井内空调水管，应注重绝热的连续性，绝热层密实，观感质量好（图 4.2–17、图 4.2–18）。

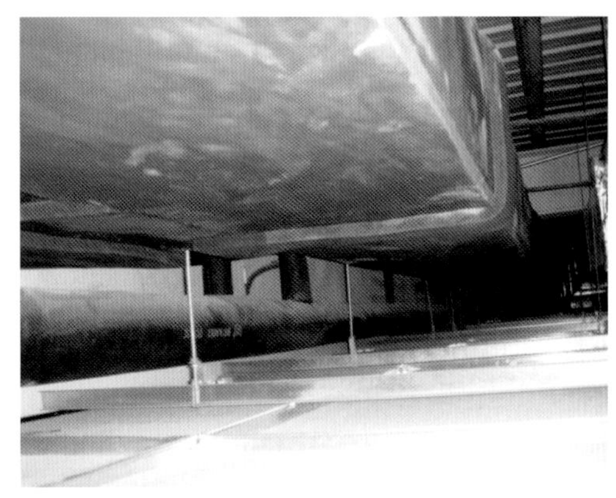

图 4.2-15　吊顶内风管保温

图 4.2-16　走廊内冷冻水管道（一）

图 4.2-17　空调水管及保温做法

图 4.2-18　走廊内冷冻水管道（二）

（3）重点关注的施工问题

① 卧式吊装风机盘管和诱导器，吊架安装平整牢固，位置正确。吊杆不应自由摆动，吊杆与托盘相连应用双螺母紧固（图 4.2-19、图 4.2-20）。

图 4.2-19　风机盘管安装

图 4.2-20　卧式暗装盘管

② 矩形风管弯管的制作，一般应采用曲率半径为一个平面边长的内外同心弧形弯管。当采用其他形式的弯管，平面边长大于500mm时，必须设置弯管导流片（图4.2–21）。

图4.2–21　矩形风管弯管做法

③ 风管穿越变形缝空间时，应设置200～300mm的柔性短管（图4.2–22、图4.2–23）。

④ 分支风管应设置风量调节阀（图4.2–24）。

⑤ 风管的变径应采用渐扩或渐缩型，各边的变形角度不宜大于30°（图4.2–25）。

⑥ 风管穿过需要密闭的防火、防爆的楼板或墙体时，应设壁厚不小于1.6mm的钢制预埋管或防护套管，风管与防护套管之间应采用不燃且对人体无害的材料封堵。

防火阀、排烟阀（口）的安装方向、位置应正确。防火分区隔墙两侧的防火阀，距墙表面不应大于200mm。如无法在小于200mm范围内安装，防火阀应采用加强风管耐火等级做法（图4.2–26）。

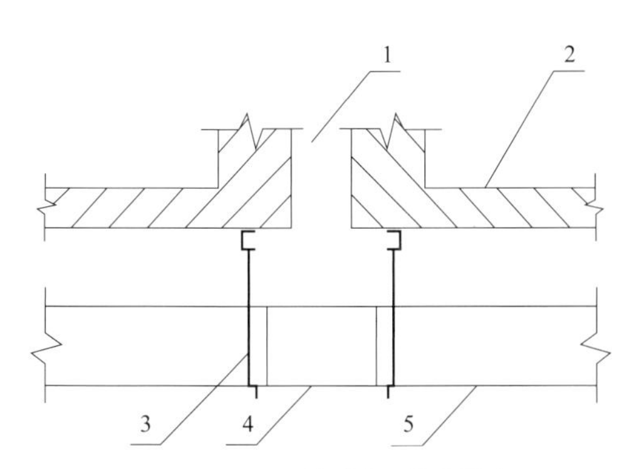

图4.2–22　风管过变形缝处做法

1—变形缝；2—楼板；3—吊架；4—柔性短管；5—风管

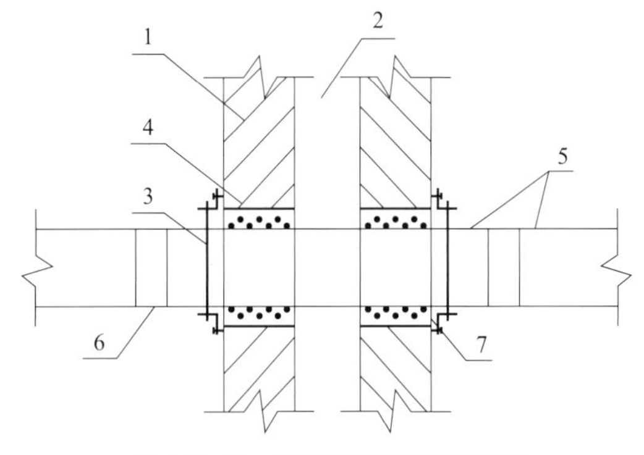

图4.2–23　风管穿越变形缝处做法

1—墙体；2—变形缝；3—吊架；4—钢制套管；5—风管；6—柔性短管；7—柔性防水填充材料

图 4.2-24 分支风管应设置风量调节阀

图 4.2-25 风管的变径应采用渐扩或渐缩型

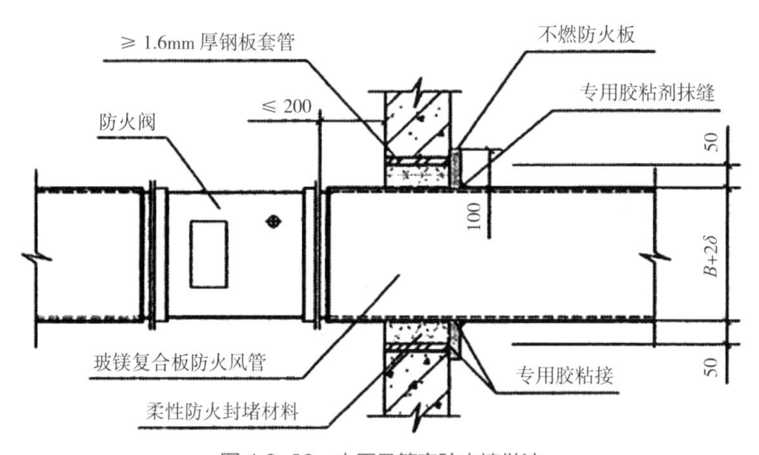

图 4.2-26 水平风管穿防火墙做法

⑦ 水平排烟管道穿越其他防火分区时，应在穿越处设置 280℃能自动关闭的防火阀，其管道的耐火极限不应小于 1.0h；排烟管道不应穿越前室或楼梯间，若必须穿越时，管道的耐火极限不应小于 2h，且不得影响人员疏散（图 4.2-27）。

⑧ 防火阀直径或长边尺寸≥ 630mm 时，宜设独立支吊架（图 4.2-28）。

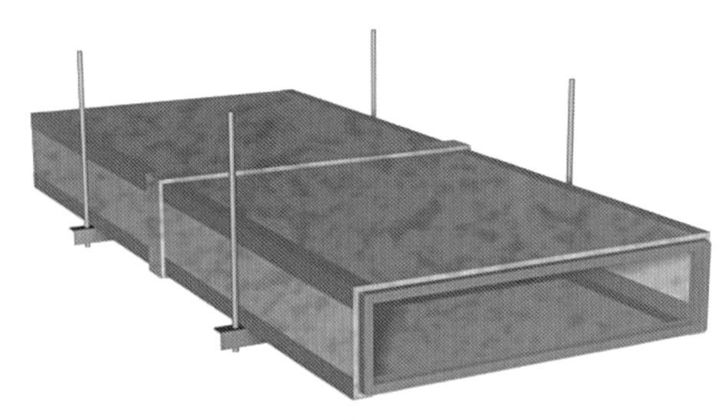

图 4.2-27 水平排烟管道穿越其他防火分区做法

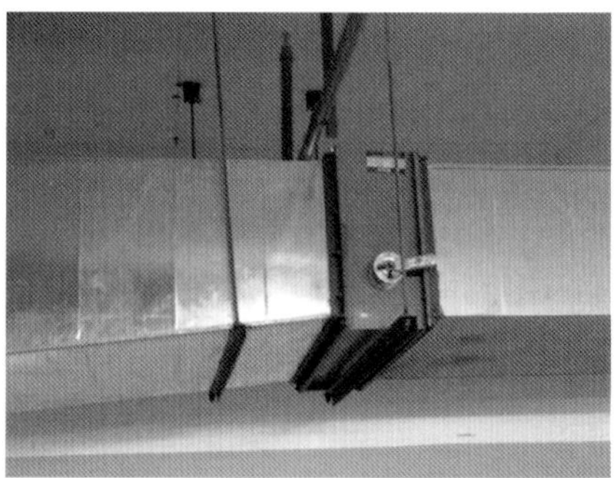

图 4.2-28 防火阀支架

⑨ 吊顶内排烟防火阀应设置远程操作机构（排烟阀的手动开启装置宜设置在距地1.5m处，并应尽量避免设置在商户隔墙上），其钢丝绳长度不应超过6m，转弯不多于2处（图4.2–29）。

⑩ 防排烟系统柔性短管的制作材料必须为不燃材料（图4.2–30）。

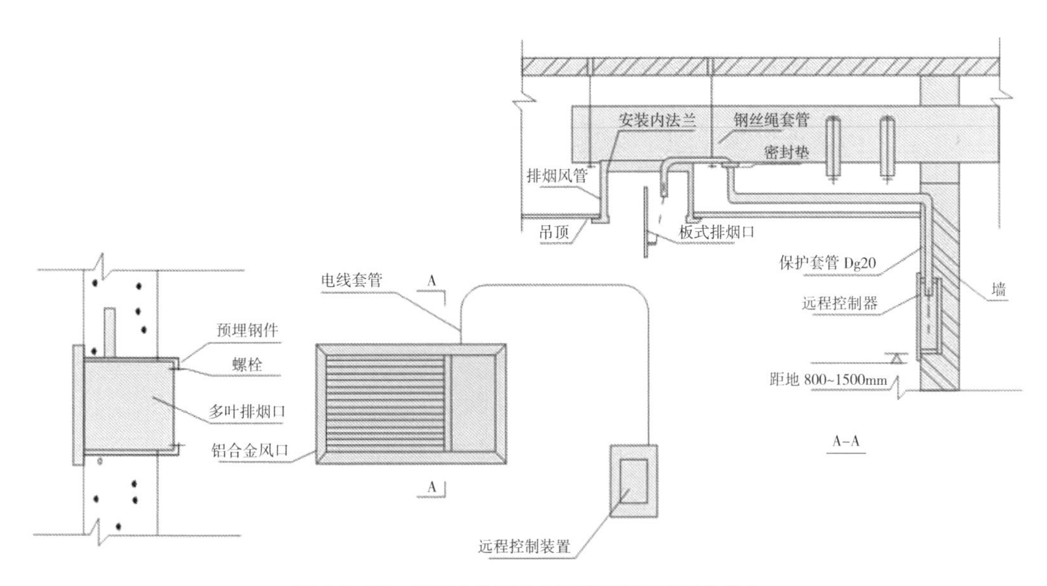

图 4.2–29　吊顶内排烟防火阀应设置远程操作机构

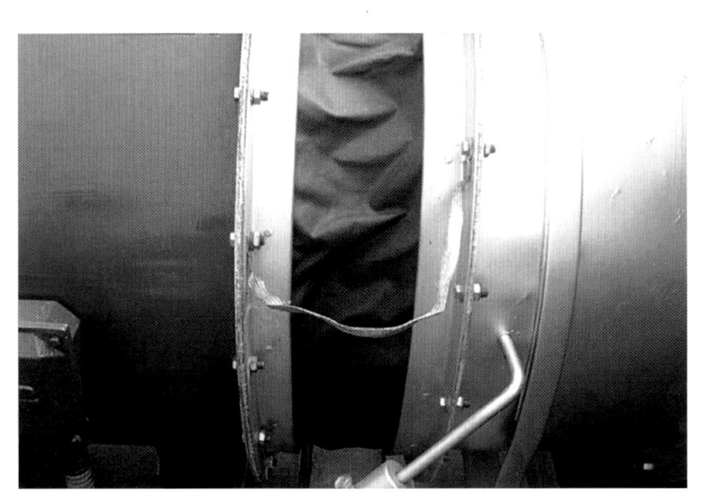

图 4.2–30　防排烟系统采用柔性短管

⑪ 厨房排风系统的风管应设不小于2%的坡度坡向排水点或排风罩；在管路系统及设备最低处设置水封或排液装置（图4.2–31）。

⑫ 排油烟风管安装时咬口或焊接接缝位置应置于风管的上部（图4.2–32）。

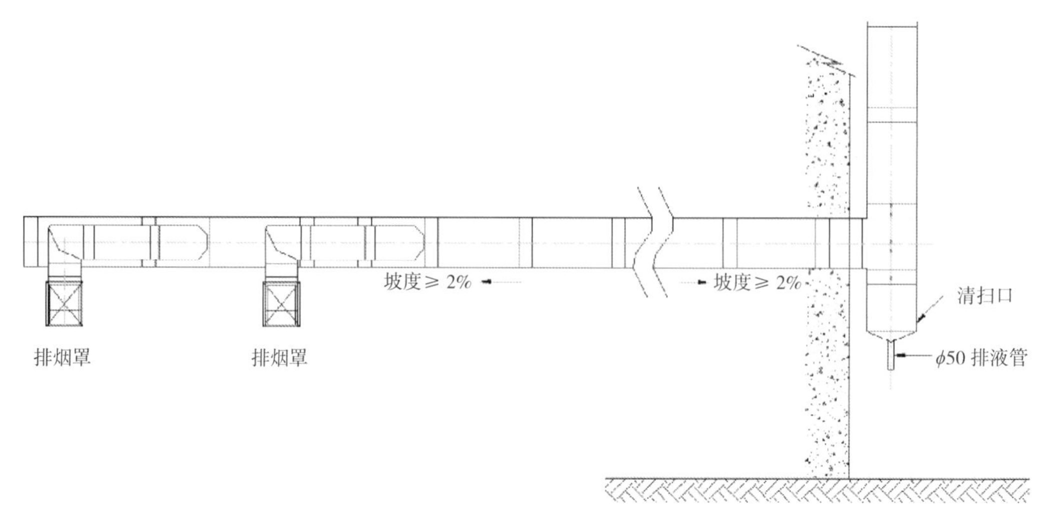

图 4.2-31　厨房排风系统做法

图 4.2-32　排油烟风管咬口位置

3. 地下室、车库

（1）关注项目

地下室是暖通系统关注的重点之一，既承担着空调风、水的主要输送功能，又要保证地下室的温度调整、新风输送、排烟等功能。因此，地下室暖通系统管线多（空调风管、新风管、排烟管、冷冻水管、冷却水管等）、截面尺寸大，是地下室综合布置首要考虑对象。

应关注风管的综合布置，各类风管及附件制作安装，支吊架制作安装，风口安装，风管保温等。

空调水管道的综合布置、管道安装、支架制作、阀门安装、管道保温等。

（2）重点关注的问题

① 施工前，应用 BIM 技术，对地下室管线进行深化设计，重点解决管线走向、排布问题、管线交叉问题等。风管截面大、系统工作压力较低，应优先考虑。实施效果如图 4.2-33 ~图 4.2-36 所示。

图 4.2-33　地下室风管综合设计效果

图 4.2-34　风管三通效果

图 4.2-35　弧形风管做法

图 4.2-36　冷冻水管道支架、标识做法

风管制作时，应确保平整，拼接缝尽量放在一个面上，安装时将此面朝向隐蔽方向，使风管平整美观。

② 风管纵横两个方向都需咬口时，一般不采用十字连接，应使咬口错开，采用丁字缝。

③ 为了避免风管变形，减少由于管壁振动而产生的噪声，矩形风管边长≥ 630mm 和保温风管边长≥ 800mm，其管段长度在 1.2m 以上者均应采取加固措施（图 4.2-37、图 4.2-38）。

图 4.2-37　风管加固

图 4.2-38　风管安装

④ 优先采用“组合式法兰”风管（TDF 法兰）“无法兰”风管（TDC 法兰风管）。

“组合式法兰”风管的薄钢板法兰用专用组合法兰机制作成法兰的形式，根据风管长度下料后，插入制作好的风管管壁端部，再用铆（压）接连为一体（图 4.2-39）。

（a）　　（b）

图 4.2-39　薄钢板法兰连接风管制作

“无法兰风管”风管，法兰与风管管壁为一体的形式，称之为“共板法兰风管”“无法兰风管”或叫“TDC 法兰风管”（图 4.2-40）。

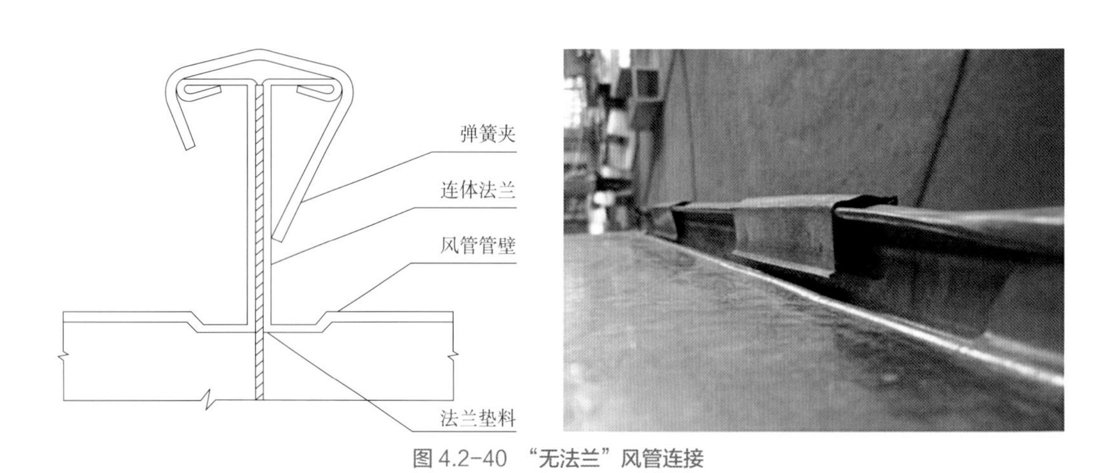

图 4.2-40　“无法兰”风管连接

⑤ 当水平悬吊的风管长度超过 20m 时，应设置固定点，每个系统不应少于 1 个。

⑥ 在风管穿过需要封闭的防火、防爆的墙体或楼板时，应设预埋管或防护套管，风管与防护套管之间，应用不燃且对人体无危害的柔性材料封堵（图 4.2-41、图 4.2-42）。

⑦ 保温风管的支吊架装置宜放在保温层外部，保温风管不得与支吊架直接接触，应垫上紧固的隔热防腐材料，其保温厚度与保温层相同，防止产生“冷桥”。

图 4.2–41　分管防火封堵做法

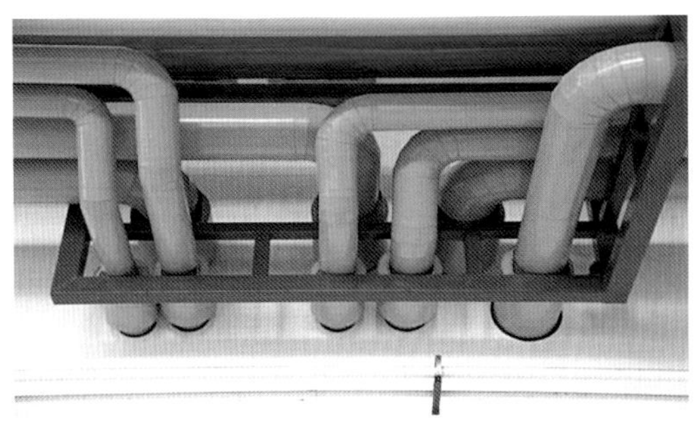

图 4.2–42　空调水管防火封堵做法

⑧ 风管系统部件的绝热，不得影响其操作功能。风管保温遇到调节阀时，要注意留出调节转轴或调节手柄的位置，并标明启闭位置，操作灵活、方便。绝热层的纵、横向接缝应错开；不得出现十字交叉的接缝，拼接用粘结材料填嵌饱满密实、均匀整齐、平整一致。风管安装后的效果如图 4.2–43、图 4.2–44 所示。

⑨ 风管三通处应单独设置吊架；风管末端加防晃支架固定（图 4.2–45、图 4.2–46）。

图 4.2–43　风管布置、保温及安装

图 4.2–44　风管保温及支架安装

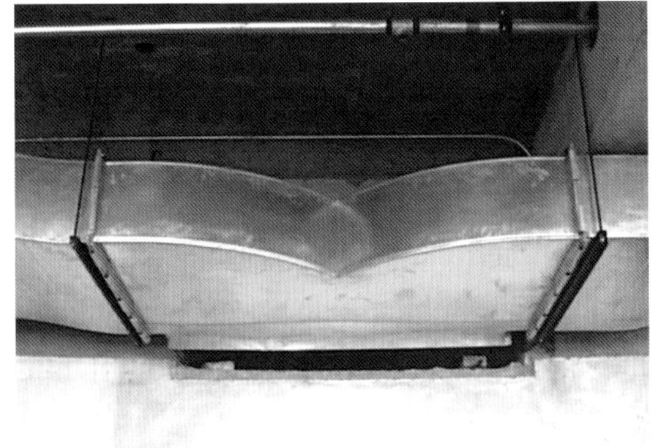

图 4.2–45　风管三通处吊架

图 4.2–46　风管末端支架安装

⑩ 风口短管应用法兰框铆接或焊接在风管管壁上，风口再与法兰框连接，以增加风管表面的强度。玻璃钢风管与风口连接不能在现场开口，应在加工制作时预制（图 4.2-47、图 4.2-48）。

⑪ 水管穿越结构变形缝处应设置金属柔性短管，长度宜为 150 ~ 300mm，并应满足结构变形的要求，其保温性能应符合管道系统功能要求（图 4.2-49、图 4.2-50）。

⑫ 冷凝水盘的泄水支管沿水流方向的坡度不应小于 1%；冷凝水水平干管不宜过长，其坡度不宜小于 0.8%，且不允许有积水部位，必要时可在中途加设提升泵（图 4.2-51）。

图 4.2-47　金属风管风口安装

图 4.2-48　玻璃钢风管风口安装

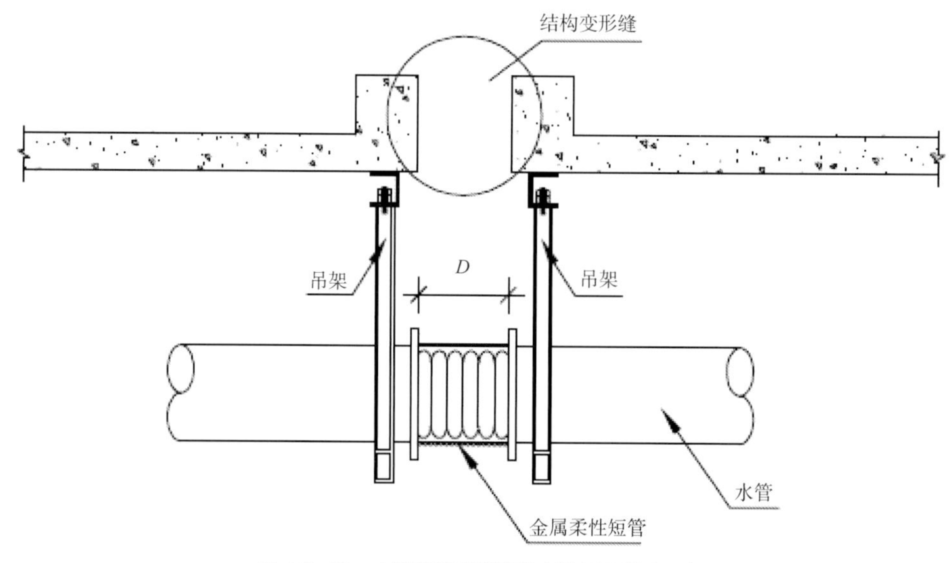

图 4.2-49　水管穿越变形缝处安装示意图（一）

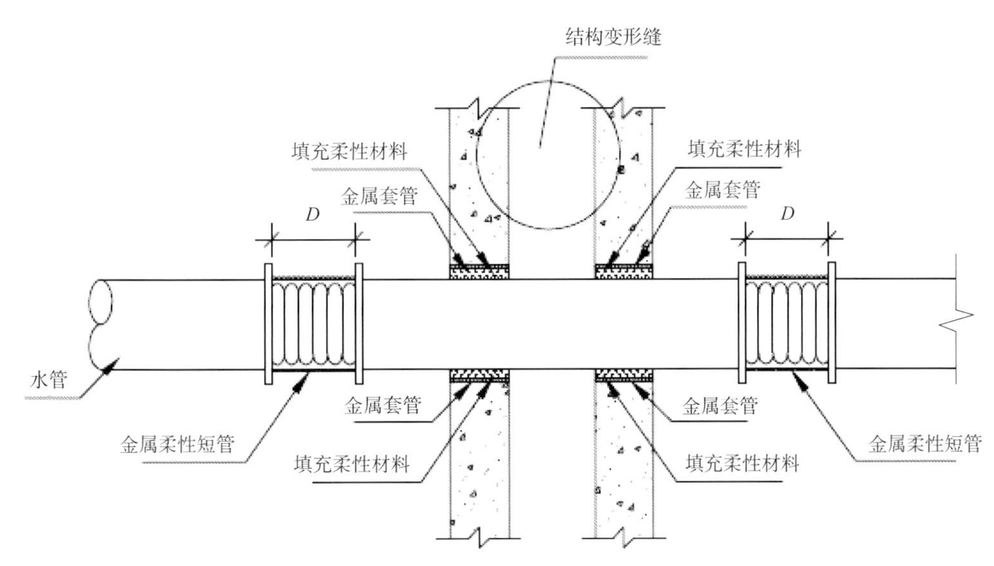

图 4.2-50　水管穿越变形缝处安装示意图（二）

图 4.2-51　冷凝水盘的泄水支管坡度示意图

4. 设备（设备间）

（1）关注项目

冷冻机组、换热器、水泵、分集水器、管线等安装。

（2）重点关注的问题

① 利用 BIM 技术，对设备机房进行深化设计，对设备、管道综合布局，要做到设备布置合理、固定可靠；各种管道排列有序，层次清晰，支架、接头成行成排；阀门排列整齐，介质流向清楚（图 4.2-52）。

② 固定设备的地脚螺栓，应有防松装置。

③ 设备、管线保温密实、严密，保温外壳表面平整、光滑，标识清楚。

④ 设备基础四周应设排水沟，有序排水（图 4.2-53 ~ 图 4.2-57）。

⑤ 制冷机房水泵、主机支管接入主干管道时采用顺水三通（图 4.2-58）。

图 4.2-52　风机房综合布置

图 4.2-53　风机基础四周有序排水

（a）

（b）

图 4.2-54　冷却泵安装及基础四周有序排水

图 4.2-55　冷冻机组安装及基础四周有序排水

图 4.2-56　集水器安装、保温、标识

（a）

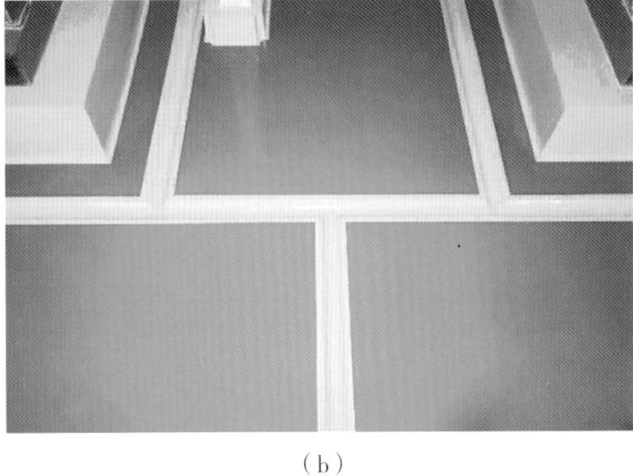
（b）

图 4.2-57　基础四周有序排水

（a）

（b）

图 4.2-58　顺水三通做法

第三节　建筑电气分部

建筑电气分部系统多，安全隐患大，是复查的重中之重。复查的重点部位：屋面，标准层，地下室（机房、泵房、配电室、车库等），室外（防雷测试、室外照明等）。

检查的项目有：防雷接地、保护接地、电气设备安装、电气配管、电缆敷设、盘柜安装、配电箱安装、开关插座安装、灯具安装、电机接线等。

1. 屋面

重点关注防雷接地、设备接地、金属管道（构件）接地。

（1）接地

建筑物顶部的接闪器必须与避雷引下线连接可靠，形成良好电气通路（图 4.3–1）。

① 避雷带应居女儿墙（屋脊）中心，当女儿墙宽度大于 300mm 时，支架布设于距外沿 150mm 处。

② 距变形缝、转弯 300 ㎜处设支持件，直线段支持件均匀分布，间距不大于 1m；支持件埋深不小于 80mm，出女儿墙顶面不小于 150mm，支持件应做拉拔试验，在 49N 拉力下无变形；支持件根部套不锈钢装饰圈并用耐候密封胶固定。常用支持件如图 4.3–2 ~图 4.3–4 所示。

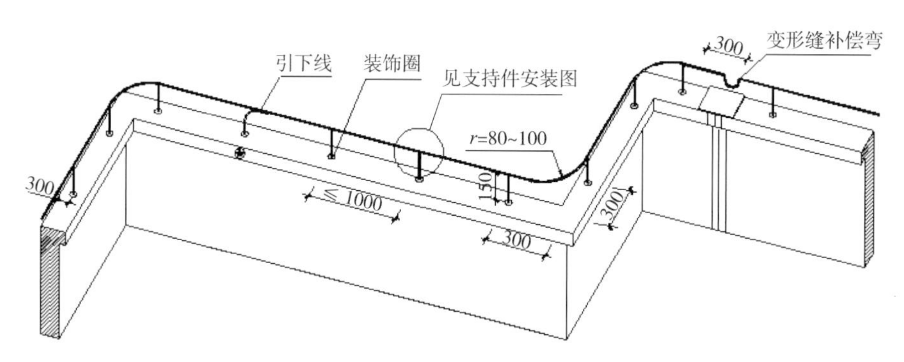

图 4.3–1　屋面避雷带设置

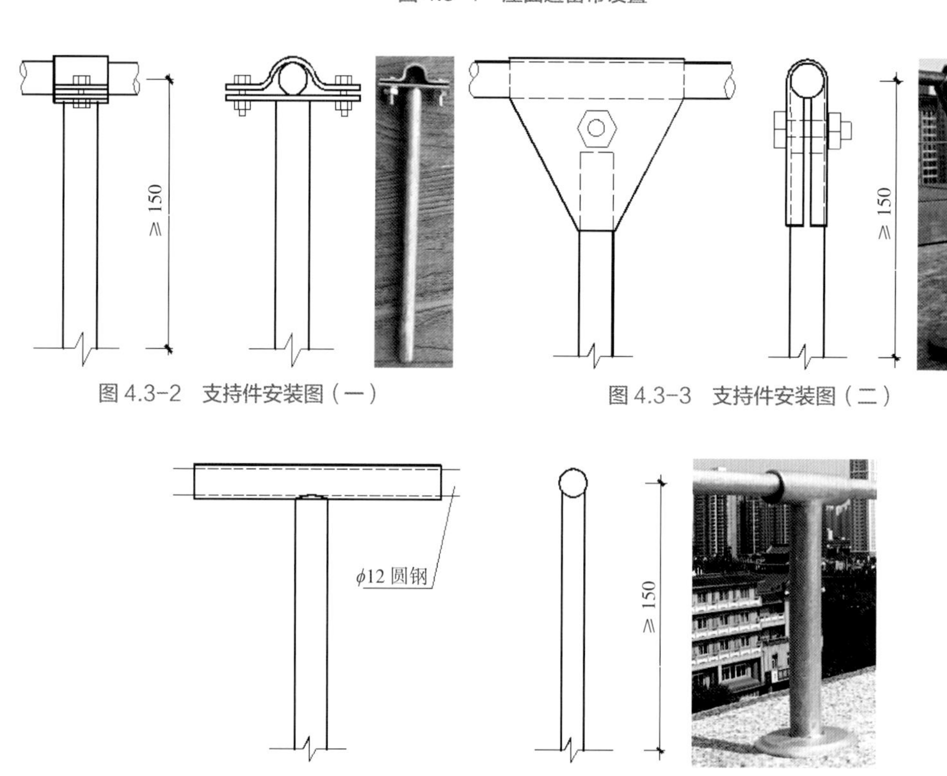

图 4.3–2　支持件安装图（一）

图 4.3–3　支持件安装图（二）

图 4.3–4　支持件安装图（三）

③ 圆钢调直后敷设在支架上，转弯、搭接、变形缝处圆钢煨弯加工；避雷带应顺直，转弯处不得出现死弯现象；避雷带搭接时，应上下搭接，接头应采用双面焊接，搭接长度为6倍圆钢直径，焊接焊口须防腐处理（图4.3-5 ~图4.3-8）。

④ 利用铝塑板做接闪器的，铝塑板的厚度必须符合防雷要求。

⑤ 屋面接地干线应从接地装置直接引出，接地干线和支线应接地可靠、不可拆卸、永久性连接。防雷引下点标识清晰（图4.3-9）。

⑥ 地线跨越建筑物变形缝时，应设计补偿装置（图4.3-10）。

⑦ 屋面面积较大时，应设置避雷网（图4.3-11）。

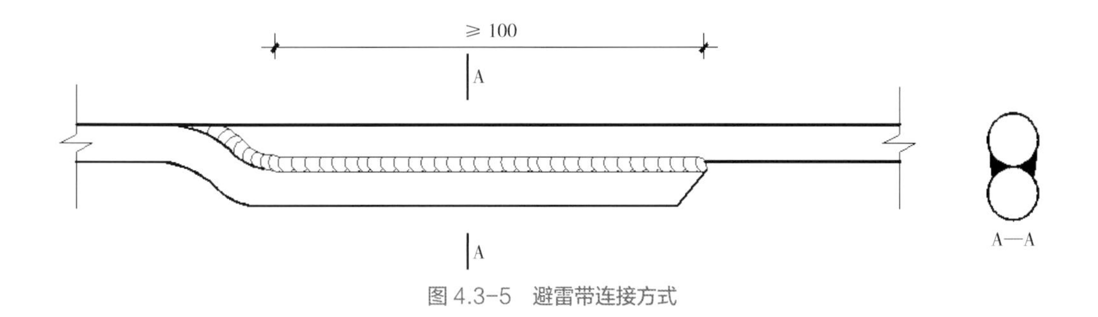

图4.3-5　避雷带连接方式

图4.3-6　避雷带搭接处双面焊接

图4.3-7　避雷带敷设、支撑方式

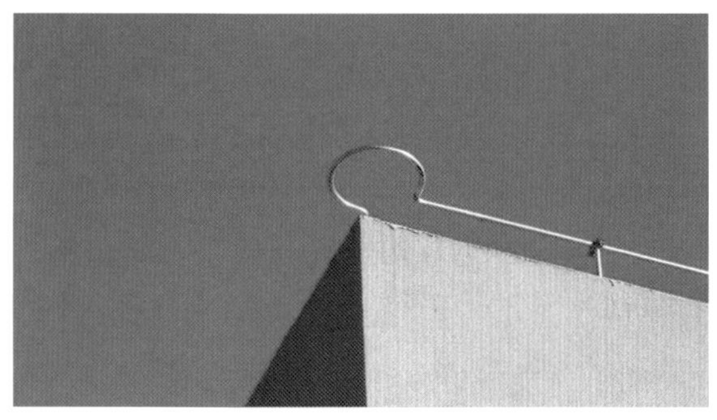

图4.3-8　避雷带转弯处弧形过渡

图4.3-9　避雷带引下线及标识

图 4.3-10 避雷带过沉降缝处做法

图 4.3-11 避雷网做法

⑧ 屋面的设备、金属构件、金属管道、金属支架、电气设备金属外壳都必须和接地干线可靠连接。引出屋面的金属物体可不装接闪器，但应和屋面防雷装置相连（图 4.3-12 ~ 图 4.3-17）。

屋面金属透气管接地时，采用镀锌扁钢自接地干线从透气管根部引出，距根部或装饰台间距 300 ㎜，用抱箍沿透气管固定；或出装饰台 100mm 左右，金属管道上预留接线柱，用双色线与金属管道连接。

屋面设备接地时，用 –25 × 4 的镀锌扁钢从就近的接地干线引接地线，接地扁钢一端与接地干线连接，另一端在设备附近地面引出，应高于设备基础 100 ~ 200mm。

无振动设备可在金属体上直接焊接，有振动设备和非碳钢金属体应用编织软铜线、双色线两端压端子跨接，编织软铜线外套黄绿双色热缩套管且热缩。伸出地面的接地线

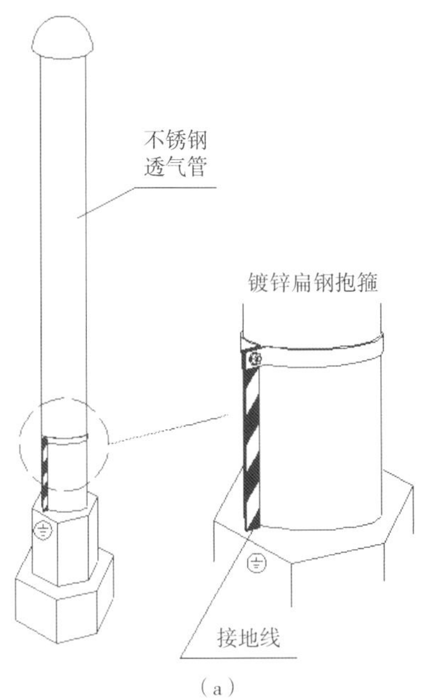

（a）

（b）

（c）

图 4.3-12　金属管道接地

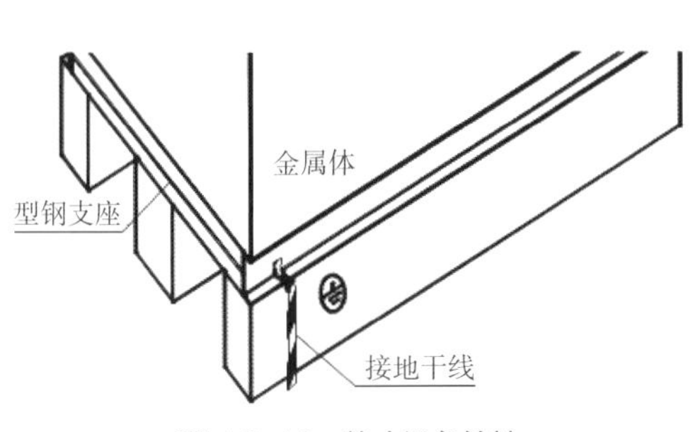

图 4.3-13　静止设备接地

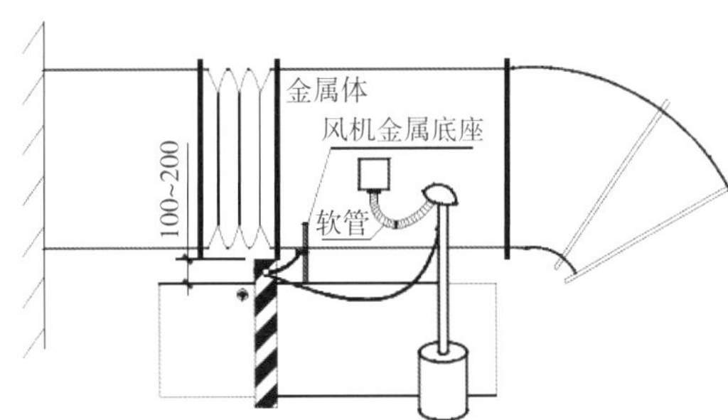

图 4.3-14　动设备接地

图 4.3-15　屋面风机接地、电管跨接做法

图 4.3-16 金属管道跨接做法

图 4.3-17 钢结构基础接地做法

应刷黄绿相间油漆。体积较大的金属体应做不少于 2 处的接地，高度高于避雷网时，应加避雷针保护。接地线附近应做接地标识。

⑨ 保护接地线必须并联连接，不得串联。

⑩ 接地线的接头应采用焊接，圆钢接头搭接长度为 6 倍直径，双面焊接。扁钢搭接长度为 2 倍宽度，三面焊接。

⑪ 对第二类和第三类防雷建筑物，下列金属物不需要接地保护：

a. 没有得到接闪器保护的屋顶孤立金属物的尺寸不超过下列数值时，可不要求附加的保护措施：

（a）高出屋顶平面不超过 0.3m。

（b）上层表面总面积不超过 $1.0m^2$。

（c）上层表面的长度不超过 2.0m。

b. 不处在接闪器保护范围内的非导电性屋顶物体，当它没有突出由接闪器形成的平面 0.5m 以上时，可不要求附加增设接闪器的保护措施。

（2）电气设备、槽盒、电管安装

① 屋面上的配电柜、配电箱应选择防水型（图 4.3-18、图 4.3-19）；

② 屋面上的槽盒应选择防水槽盒，并做好标识（图 4.3-20）；

③ 从槽盒引出的电管，应选择镀锌电管，并做好接地跨接，严禁使用 JDG 管（图 4.3-21）。

2. 标准层

重点关注电气管线安装（含吊顶内）、灯具安装、插座开关安装、电气井等。

图 4.3-18　防水配电柜

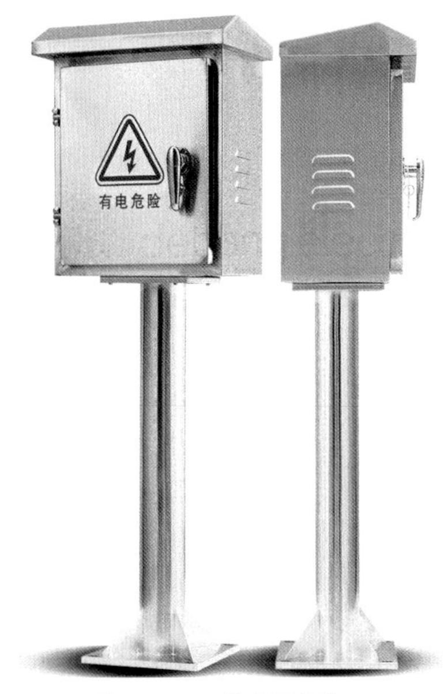

图 4.3-19　防水配电箱

图 4.3-20　防水槽盒规范做法

图 4.3-21　槽盒与电管跨接做法

（1）电气井

① 如电气井内配电箱（柜）较多，应设置环形接地线，做法参考配电室，如图 4.3-22 所示。

② 母线、梯架、槽盒垂直穿过楼板处均应设挡水台，挡水台高度 5 ~ 8cm，如图 4.3-23 所示。

③ 挡水台内侧与槽盒间、槽盒内部，用防火材料封堵密实，如图 4.3-24 所示。

④ 槽盒、母线接地跨接可靠，接地良好；垂直安装的支架形式合理，间距不大于 2m。

⑤ 槽盒内电缆安装顺直，固定牢固，标识准确，如图 4.3-25 所示。

⑥ 矿物绝缘电缆、预分支电缆安装顺直，固定牢固，如图 4.3-26、图 4.3-27 所示。

图 4.3-22　电气井内综合布置

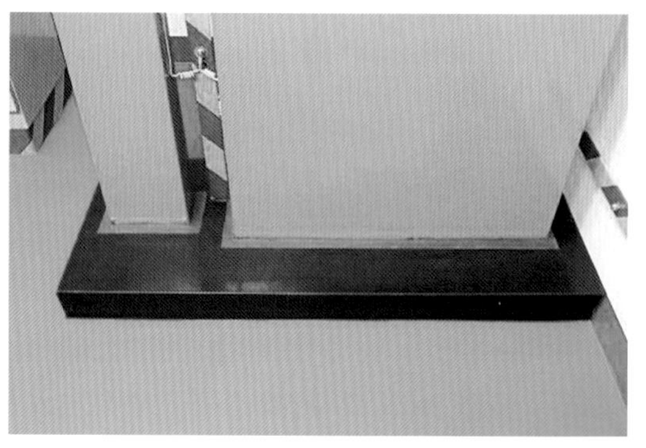

图 4.3-23　挡水台、防火封堵做法

图 4.3-24　槽盒内封堵

图 4.3-25　电缆在槽盒内固定、标识

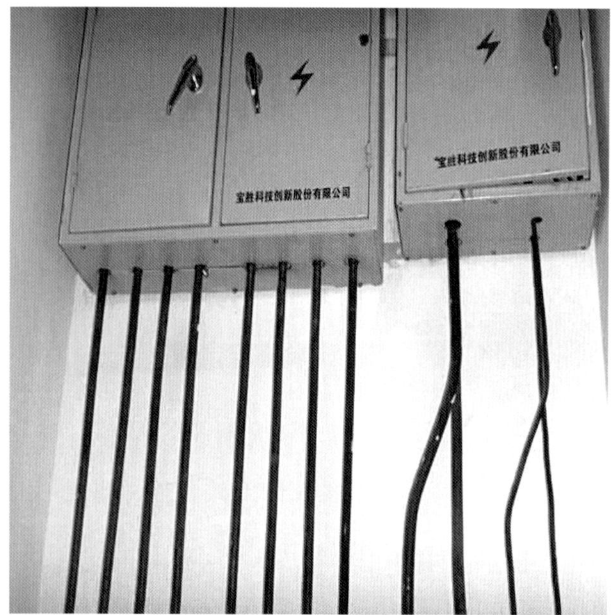

图 4.3-26　矿物电缆进配电箱安装

图 4.3-27　预分支电缆做法

⑦ 配电箱（柜）内配线整齐，绑扎牢固，接线正确，标识准确；进入箱（柜）的管线连接采用专用接头，箱壳应可靠接地；装有电器的可开启门，门和接地排之间采用不小于 4mm² 的铜芯软导线连接，并有标识；门背面粘贴线路图，如图 4.3-28 ~ 图 4.3-30 所示。

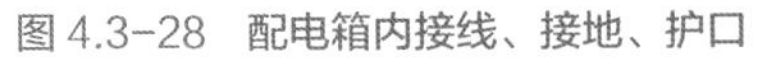

图 4.3-28　配电箱内接线、接地、护口

图 4.3-29　配电箱内接线做法

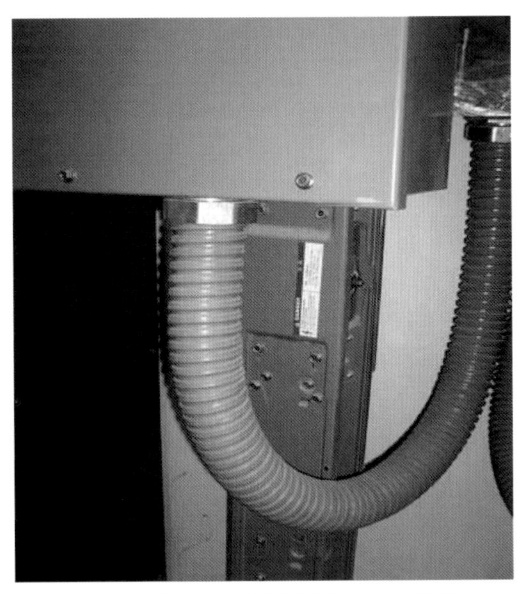

图 4.3-30　进入插接箱的管线连接采用专用接头

（2）管道井内管道接地

管道接地，是电气复查专家重点关注的项目，也是施工非常容易忽视的内容。《民用建筑电气设计标准》GB 51348—2019 规定：竖向金属管道每 3 层与本层的等电位连接端子板连接一次。此接地，为等电位接地（图 4.3-31）。

图 4.3-31　管道等电位接地

（3）槽盒、母线、电管安装

重点关注问题：

① 梯架、槽盒应安装顺直，电缆敷设顺直、固定牢固、标识清晰（图 4.3-32、图 4.3-33）。

② 吊顶内各种管线应进行总体规划，尽量采用综合支架。吊顶内的管线暗管明做。多根电管并排弧形安装时，应间距一致（图 4.3-34）。

③ 槽盒穿越防火分区时，应做好防火封堵（图 4.3-35）。

④ 支架做到结构正确、防腐到位、布置合理、位置正确、安装牢固、标高一致。

⑤ 电管口应平整光滑、无毛刺，端面应和管轴向垂直，管口加护套圈。

图 4.3-32　梯架水平敷设做法

图 4.3-33　电缆敷设、标识做法

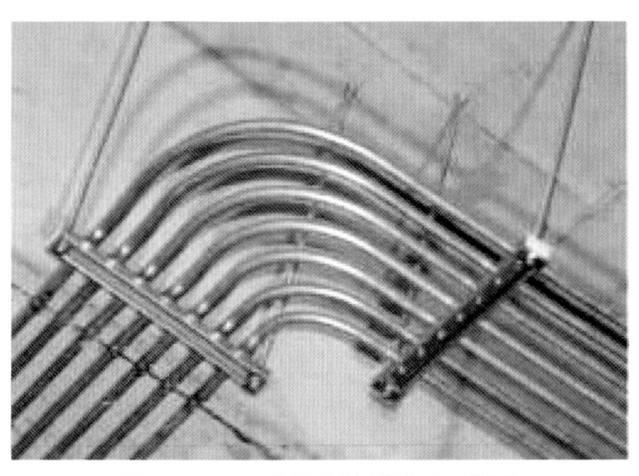

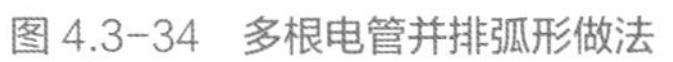

图 4.3-34　多根电管并排弧形做法

图 4.3-35　槽盒防火封堵做法

⑥ 电管弯曲半径不宜小于管外径 6 倍，当两个接线盒间只有一个弯时可为 4 倍，弯头应呈圆弧曲线，不得有起褶、开裂等现象，弯扁度不大于管外径的 10%。

⑦ 镀锌钢管宜采用丝扣连接，并做跨接线；薄壁电线管应采用紧定螺钉连接（图 4.3-36、图 4.3-37）。

图 4.3-36　明配镀锌管接地跨接

图 4.3-37　明配电管及其接地安装

⑧ 采用螺纹连接时，拧进螺纹长度宜为 1/2 管接头长度，不少于 5 丝，外露 2 ~ 3 丝。

⑨ 非镀锌钢管套管焊接，套管长度为管外径的 1.5 ~ 3 倍，须满焊，可不再跨接线。

⑩ 金属导管严禁对口焊连接。

⑪ 母线外壳和金属槽盒必须良好接地，母线外壳和金属槽盒全长不小于 2 处，大于 30m 时中间再增加一处。低于 2.4m 明装支架需焊接地干线。

⑫ 非镀锌金属槽盒连接处跨接地线不应小于 4mm^2 铜芯线，跨接线应接触良好。

⑬ 镀锌槽盒连接处可不跨接地线，固定螺栓应镀锌完好，防松垫片、平垫片齐全且应拧紧，连接板螺丝应由内向外穿出，不宜过长。

⑭ 穿越伸缩缝或直线段钢制槽盒长度超过 30m 时，应加装伸缩节。

⑮ 槽盒的水平支架间距为 1.5 ~ 3m，垂直安装的支架间距不大于 2m。

⑯ 槽盒过墙或过楼板应有防火封堵措施。

⑰ 跨接细部做法：槽盒用连接片连接（或连接段链接），爪型垫圈、弹簧垫、螺母紧固，螺母应位于槽盒外侧。除镀锌槽盒外，相邻段槽盒之间应采用不小于 $4mm^2$ 软铜线做接地跨接。镀锌槽盒连接片的固定螺栓上应加弹性垫片（图 4.3-38 ~ 图 4.3-40）。

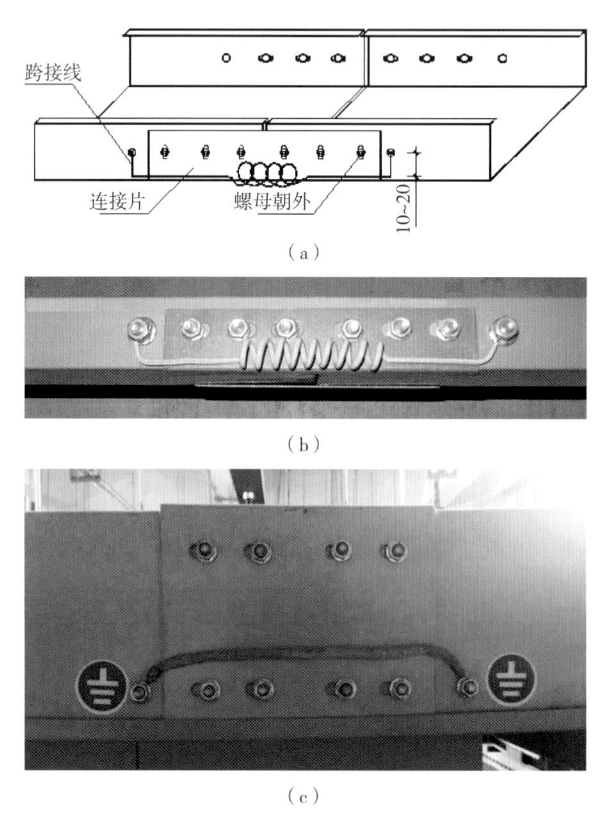

图 4.3-38 槽盒跨接连接做法

图 4.3-39 爪型垫圈及固定方式

图 4.3-40 槽盒跨接错误

⑱ 伸缩节细部做法：当槽盒经过建筑物伸缩缝或桥架直线长度大于 30m（铝合金及其他材料直线段长度大于 15m）时，应设置伸缩节，伸缩节应设置在伸缩缝位置或直线长度的中间。伸缩节两侧各设置一个支架，支架与伸缩节端部距离不大于 500mm（图 4.3–41、图 4.3–42）。

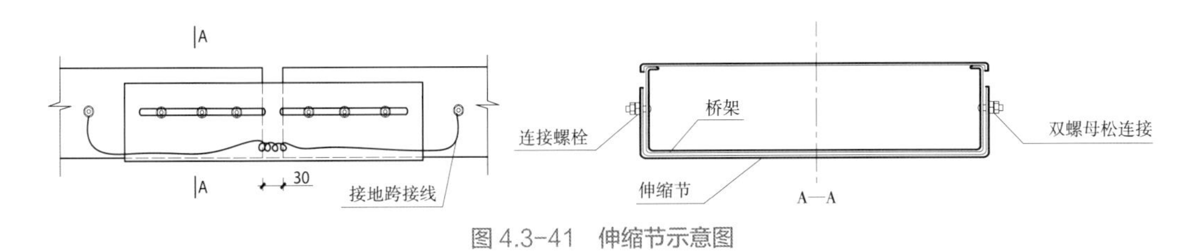

图 4.3–41 伸缩节示意图

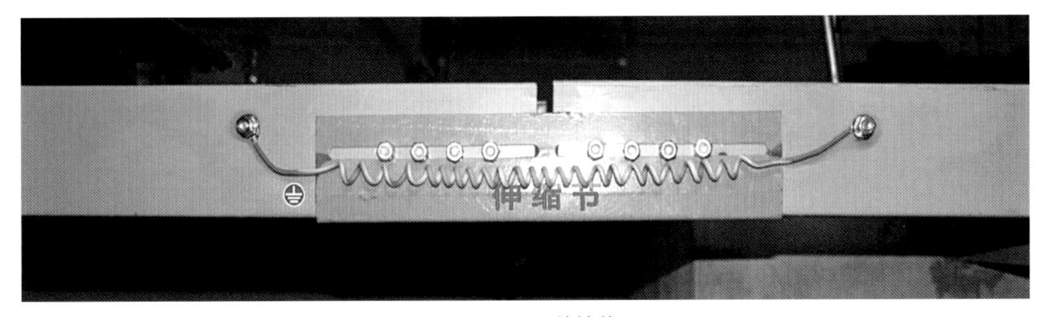

图 4.3–42 伸缩节

（4）开关、插座

① 开关位置应正确、标高应按设计要求，距门框 0.15 ~ 0.2m，并列安装偏差应不大于 1mm，同一室内应不大于 5mm（图 4.3–43、图 4.3–44）。

② 并列安装或同一室内的开关控制顺序和开关方向一致。

③ 开关、插座一个接线端子应接一根导线。

④ 单相二孔插座右或上孔接相线、左或下孔接零线。

⑤ 单相三孔、三相四孔插座，上孔应接地线不能与零线连接。

图 4.3–43 成排开关标高一致、间距均匀

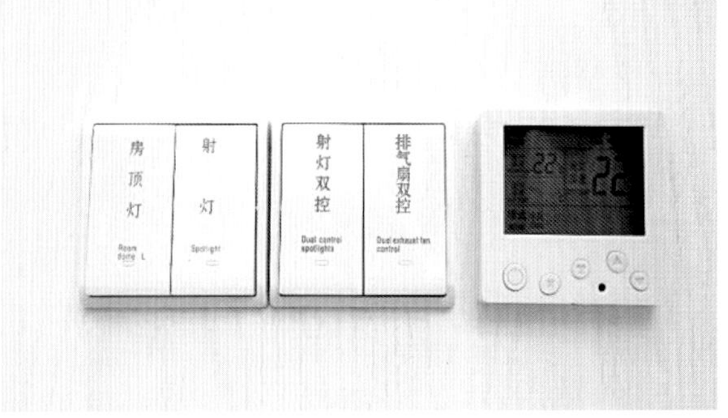

图 4.3–44 开关、控制面板标高一致

⑥ 多股导线应搪锡，导线的颜色应符合规范的要求。

⑦ 开关、插座在木、软装饰面上安装时，其接线盒必须与装饰面齐平，且开关、插座与装饰面应有防火分隔（图 4.3–45、图 4.3–46）。

图 4.3–45　木装修上插座防火封堵严密

图 4.3–46　木装修上与木装饰面间加防火板

（5）照明灯具

① 灯具安装位置应尽量和烟感、喷头统一布置，做到居中、对称、成排、成线，整齐美观，安装牢固（图 4.3–47）。

② 大于 3kg 的灯具和镇流器不应装在吊顶的龙骨上。

③ 低于 2.4m 的灯具外壳必须接地。

（a）

（b）

图 4.3–47　灯具等居中布置

（c）　（d）

（e）　（f）

图 4.3-47　灯具等居中布置（续）

④ 金属软管长度不能大于 1.2m。软管进灯盒应用连接头安装固定，导线不能外露。

⑤ 质量大于 10kg 的灯具，固定装置及悬吊装置应按灯具重量的 5 倍恒定均布载荷做强度试验，且持续时间不得少于 15min。

⑥ 安装在公共场所的大型灯具的玻璃装饰品，应采取防止玻璃装饰品向下溅落的措施（图 4.3-48）。

（a）　（b）

图 4.3-48　大型装饰吊灯

⑦ 安全标识灯：疏散照明由安全出口标识灯和疏散标识灯组成。安全出口标识灯距地高度不低于 2m，且安装在疏散出口和楼梯口里侧的上方（图 4.3-49）。

疏散标识灯安装在安全出口的顶部，楼梯间、疏散走道及其转角处应安装在 1m 以下的墙面上（图 4.3-50）。不易安装的部位可安装在上部。疏散通道上的标识灯间距不大于 20m（人防工程不大于 10m）。

图 4.3-49　安全出口灯

图 4.3-50　疏散指示灯

3. 地下室

重点关注配电房、各类机房、管线安装。

① 配电箱、柜应安装整齐，操作灵活可靠，内部接线规范、牢固，盘面清洁、标示清晰、排列美观，相线及零、地线颜色正确；柜体接地可靠；电缆沟内干净整洁，电缆排放整齐、标识齐全（图 4.3-51 ~ 图 4.3-53）。

② 如果配电柜上方有不可避免的给水排水管道，配电柜必须采取防水措施（图 4.3-54）。

③ 配电间内沿墙应水平敷设接地线，离地面高度按设计要求，如设计没有要求宜

图 4.3-51　成排配电柜安装

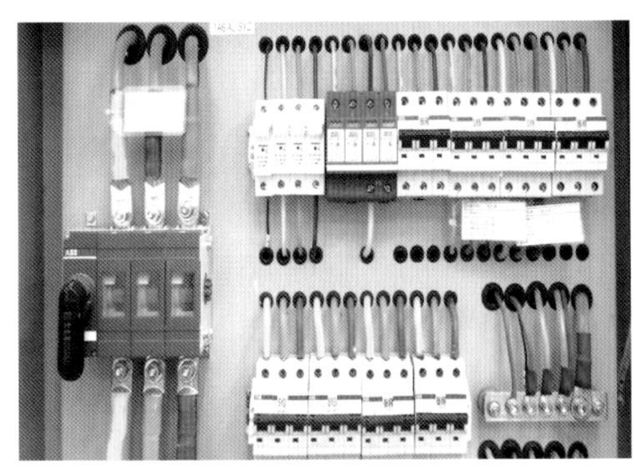

图 4.3-52　柜内接线

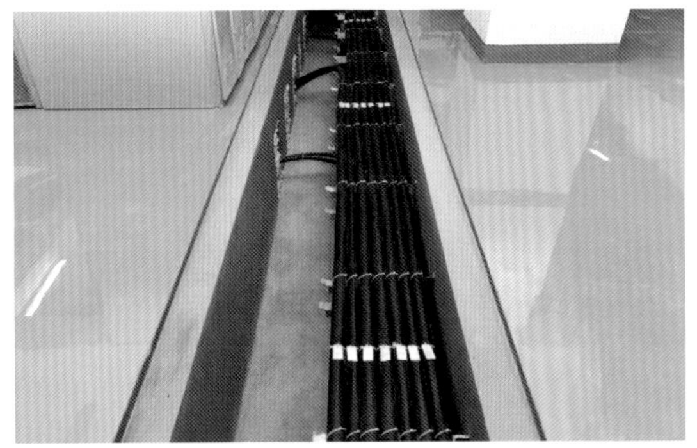

图 4.3-53　电缆沟内电缆敷设

（a）

（b）

图 4.3-54　配电柜防水措施（上部有水管）

为 250 ~ 300mm，接地线与建筑物墙壁间的间隙宜为 10 ~ 15mm。明敷的接地线应涂以 15 ~ 100mm 宽度相等的、绿色和黄色相间的斜向条纹。变压器室、高压配电室、发电机房的接地干线上应设置不少于 2 个供临时接地用的接线柱或接地螺栓，接线柱附近应保留金属面，便于接线（图 4.3-55、图 4.3-56）。

图 4.3-55　配电间等电位接地

图 4.3-56　变配电室维修接地螺栓

④ 配电间金属门框应接地可靠，框与门扇应跨接。面向公共区域的门应安装挡鼠板。如果挡鼠板为金属材质时，应可靠接地。为增强挡鼠效果，也可设置电子捕鼠器（图 4.3-57 ~ 图 4.3-60）。

图 4.3-57　电子捕鼠器（非金属挡鼠板）

图 4.3-58　配电间挡鼠板

图 4.3-59　挡鼠板标识及接地跨接

图 4.3-60　折叠式挡鼠板

⑤ 电缆进入电机时，应采取软管保护，并保持一定的弧度。软管长度宜小于 0.8m。可挠金属管或其他柔性导管与刚性导管或电气设备、器具间的连接采用专用接头；复合型可挠金属管或其他柔性导管的连接处密封良好，防水层完整无损；室外或屋顶进设备的电气导管，必须设置防水弯（图 4.3-61、图 4.3-62）。

⑥ 电动机、电加热器及电动执行机构的外露可导电部分必须与保护导体可靠连接（图 4.3-63、图 4.3-64）。

⑦ 进出建筑物的金属管道在入户处须做接地处理（图 4.3-65）。

4. 建筑物四周检查

对于电气分部来说，建筑物四周检查的主要内容是接地测试点、路灯等。

测试点应设置在建筑物外墙、地面上 500mm 左右处，数量按设计图纸确定（图 4.3-66 ~ 图 4.3-69）。

图 4.3-61　电管固定方法

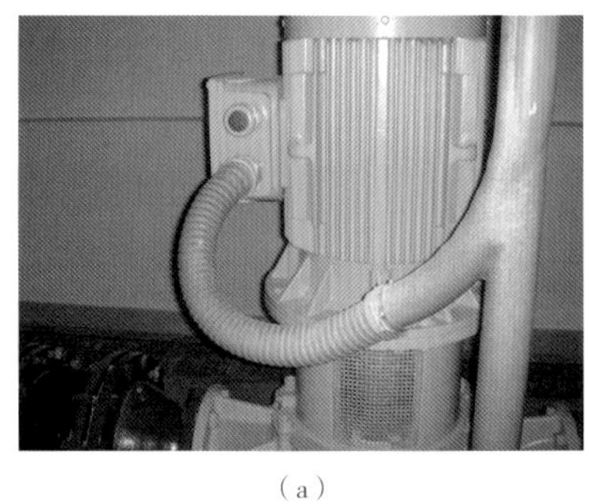

（a）

（b）

（c）

图 4.3-62　柔性导管安装示例

图 4.3-63　设备接地线、接地极、标识

图 4.3-64　电动机外壳接地

（a）

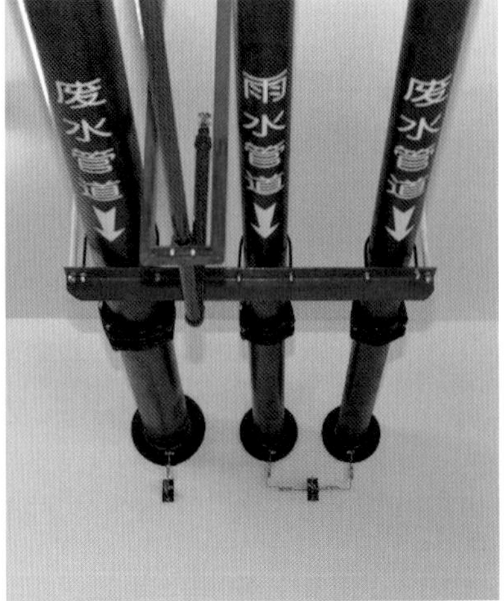

（b）

图 4.3-65　金属管道在入户处做等电位接地

图 4.3-66　接地测试点盖板及标识

图 4.3-67　接地测试点引出线便于测试

图 4.3-68　接地测试点盖板及标识

图 4.3-69　新型接地测试盒

5. 接地网与接地体的施工

1）接地

接地是建筑电气工程中重要的安全防护措施之一；接地系统是否导通，直接影响电气系统的安全运行和人体的安全防护，是优质工程奖复查必查、重点检查的内容。

重点关注的问题：

① 接地干线：接地网及接地引下干线；

② 屋面：防雷接地及金属设施的保护接地；

③ 标准层：卫生间的等电位保护、用电设备的保护接地、槽盒（梯架、母线）及管道的接地、防静电机房的接地；

④ 地下室：用电设备的保护接地、槽盒（梯架、母线）及管道的接地、管道进入建筑物处接地等。

2）接地网与接地引下线

接地网与接地引下线，是接地系统能否正常运行的关键，而这部分内容均为隐蔽工程，为更好地说明问题，本部分详细介绍施工关键节点。

① 防雷及接地装置的焊接应采用搭接焊，搭接长度应符合下列规定：

a. 扁钢与扁钢搭接为扁钢宽度的2倍，不少于三面施焊；

b. 圆钢与圆钢搭接为圆钢直径的6倍，双面施焊；

c. 圆钢与扁钢搭接为圆钢直径的6倍，双面施焊。

扁钢与钢管或角钢焊接时，应紧贴3/4钢管表面或紧贴角钢外侧两面，上下两面施焊。焊缝应饱满，不得有夹渣、咬肉、虚焊和气孔等缺陷；焊好后，应及时清除药皮，涂刷防锈漆一道，银粉漆两遍。

② 基础接地体的连接。

a. 作为接地体的钢筋，应可靠连接。利用基础钢筋做接地体时，桩基抛头钢筋与地梁主筋应可靠焊接；用地梁做接地体时，地梁交叉处应跨接焊通，焊渣清理到位（图4.3-70、图4.3-71）。

图4.3-70　桩基抛头钢筋与地梁主筋焊接

图4.3-71　地梁交叉处跨接

b. 利用基础梁外侧两根钢筋做接地体时，每隔 6m 应互跨焊接。接地装置体中的钢筋，采用套筒连接时，在连接处采用 ϕ12 圆钢作跨接（图 4.3–72、图 4.3–73）。

图 4.3–72　基础梁外侧两根钢筋互跨

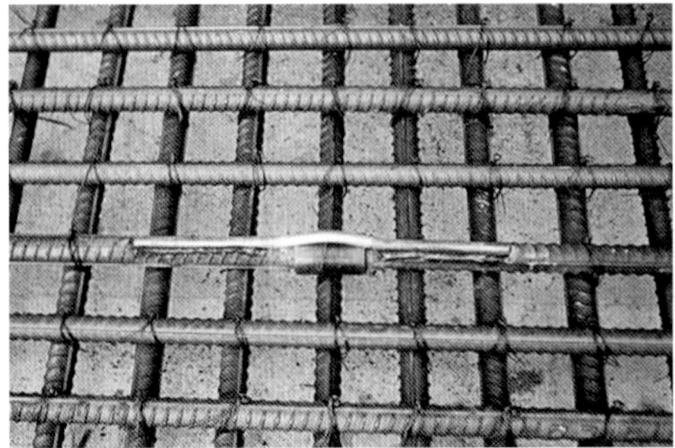

图 4.3–73　钢筋套筒连接处圆钢跨接

③ 利用结构柱内主筋作引下线时，每条引下线不得少于两根主筋，每根主筋直径不能小于 ϕ16 ㎜，防雷引下线位置最好对称。引下线间距：一级防雷建筑≤ 18m；二级防雷建筑≤ 20m；三级防雷建筑≤ 25m，按设计要求布置。作为引下线的主筋，用油漆做好标记，距室外地面 0.5m 处焊接断接卡子；引下线串联焊接至顶层；在避雷带引下位置，预留一定长度的 ϕ12 ㎜的镀锌圆钢，与引下线可靠焊接，以备与避雷带连接。柱内引下线与梁内均压环可靠焊接，下端与建筑物桩基钢筋及基础底梁钢筋的两根主筋焊接（图 4.3–74 ~ 图 4.3–77）。

④ 接地扁钢的预留、预埋。

a. 下列位置应预留接地扁钢：

（a）进出建筑物的各种线路及金属管道采用全线埋地引入时，在地下室墙内侧、管线入户处附近引出接地扁钢，用于进出建筑物金属管道的接地；

（b）标准层，卫生间处、管道井、电气井、设计有防侧击雷的门窗处、落地配电箱（柜）处；

图 4.3–74　接地体与避雷引下线间连接、引下线标记

图 4.3–75　避雷引下线套筒连接处圆钢跨接

图 4.3-76 接地测试点

图 4.3-77 避雷针

（c）高低压配电室，基础槽钢处、变压器安装位置、墙体处（连接检修用环形接地网）、地沟内；

（d）设备用房，配电柜处、设备基础附近；

（e）地下室，槽盒起点、终点，金属槽盒长度大于 30m 处，落地配电箱（柜）处；

（f）电梯井处。

b. 地下室外墙板防水套管接地，并在墙内引出接地扁钢，用于进出建筑物金属管道接地（图 4.3-78）。

c. 设计有防侧击雷的门窗处，预留接地扁钢，用于窗、幕墙龙骨的接地（图 4.3-79）。

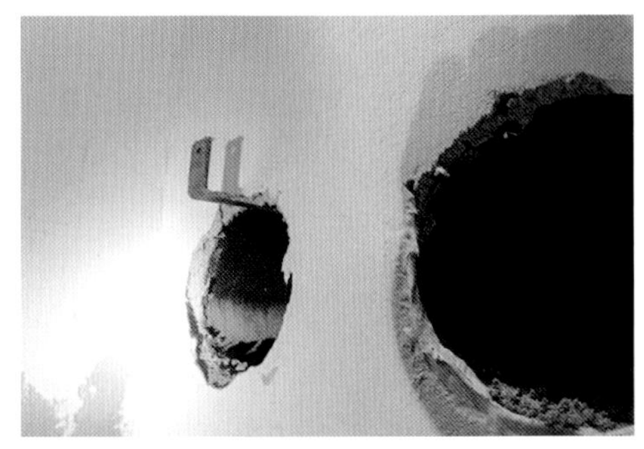

图 4.3-78 地下室外墙板防水套管接地及接地扁钢预留

图 4.3-79 防侧击雷门预留接地扁钢

d. 卫生间等电位做法：采用卫生间四周圈梁内两主筋焊接，卫生间底板面筋按 600mm × 600mm 跨接焊接成网格并与纵横圈梁钢筋、由圈梁焊接一根 -25 × 4 镀锌扁钢连接卫生间局部等电位盒（距地 300mm）（图 4.3-80 ~ 图 4.3-83）。

图 4.3-80　等电位扁钢一次预埋到位

图 4.3-81　等电位箱预埋

图 4.3-82　地面上接地扁钢预留

图 4.3-83　墙体上接地扁钢预留

只有具备洗浴功能的卫生间或浴室才需要做局部等电位。如图 4.3-84 所示。

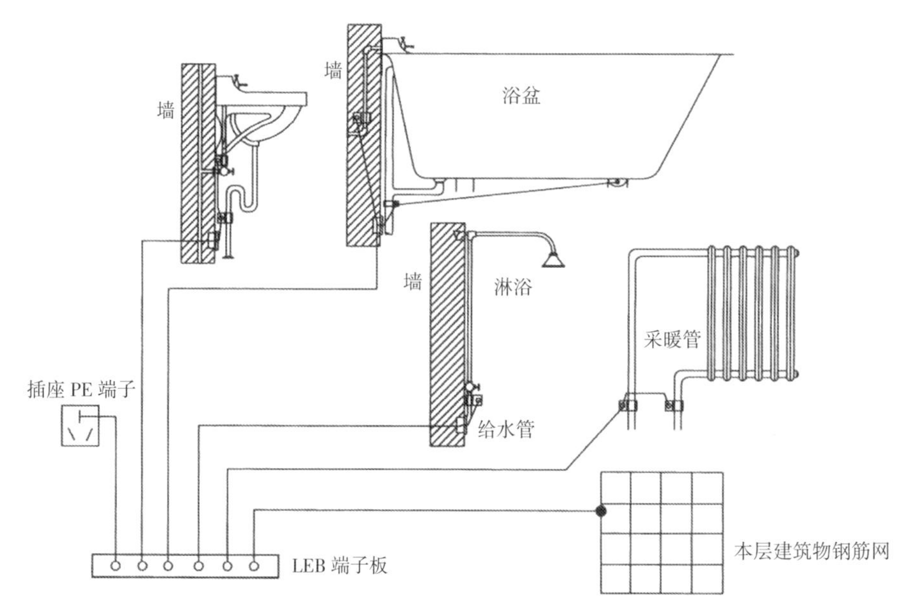

图 4.3-84　具备洗浴功能的卫生间或浴室等电位接地设置

下列位置需做等电位联接：

（a）浴室地板钢筋网；

（b）进入浴室的金属管道；

（c）浴室内插座的 PE 线。

联结导线：有机械保护时，采用 BVR-2.5mm^2；无机械保护时，采用 BVR-4.0mm^2。

保护导管，一般采用 PVC 塑料管。

第四节　智能化分部

随着科技的发展，智能化系统发展迅速，系统越来越多，智能化水平越来越高。在优质工程奖复查时，限于时间关系，一般采取综合检查的方法，只对关键部位、系统进行复查。本节按系统描述检查要求，对照优质工程照片集中讲解。

1. 检查要求

（1）综合布线系统

① 线缆布放应自然平顺，无挤压和损伤。

② 线缆经过桥架、管线拐弯处，应采取绑扎或其他形式固定。

③ 距信息点最近的一个过线盒穿线时应留有不小于 15cm 的余量。

④ 信息插座安装标高应符合设计要求，其插座与电源插座安装的水平距离应符合现行国家标准《综合布线系统工程验收规范》GB/T 50312—2016 第 5.0.3 条的规定。当设计无标注要求时，其插座宜与电源插座安装标高相同。

⑤ 机柜内线缆应分别绑扎在机柜两侧理线架上，排列整齐、美观，捆扎合理，配线架应安装牢固，信息点位的标识应准确。

⑥ 缆线布放截面利用率应符合规定。管内布放 4 对对绞电缆或 4 芯及以下光缆时，截面利用率应为 25% ~ 30%，布放大对数主干电缆及 4 芯以上光缆时，直线管道截面利用率应为 50% ~ 60%。

⑦ 对绞电缆终结时，每对对绞线应保持扭绞状态，扭绞松开长度对于 5 类电缆不应大于 13mm，对于 6 类及以上类别的电缆不应大于 6mm。

⑧ 各类跳线缆线和连接器件间接触应良好，接线无误，标识齐全。跳线选用类型、跳线长度应符合系统设计要求。

⑨ 标签应使用粘贴型、插入型或其他类型，具有耐磨、抗恶劣环境、附着力强等性能。

⑩ 配线间内应设置局部等电位端子板，机柜应可靠接地。

（2）信息网络系统

① 安装位置应符合设计要求，安装应平稳牢固，并便于操作维护。

② 机柜内安装的设备应有通风散热措施，内部接插件与设备连接应牢固。

③ 对有序列号的设备必须登记设备的序列号。

④ 跳线连接规范，线缆排列有序，线缆上应有正确牢固的标签。

⑤ 设备安装机柜应张贴设备系统连线示意图。

（3）会议系统

① 机柜应安装在机柜底架上，不宜直接放置在防静电地板上。

② 机柜布置应保留维护间距，机面与墙的净距不应小于 1.5m，机背和机侧（需维护时）与墙的净距不应小于 0.8m；机柜前后排列时，排列间净距不应小于 1m；多个机柜排列安装时，每列机柜的正面应在同一平面上，相邻机柜应紧密靠拢。

③ 机柜上应有标明设备名称或功能的标识，标识应正确、清晰、齐全。

④ 会议系统应设置专用分路配电盘，每路容量应根据实际情况确定，并应预留一定余量；会议系统音视频设备应采用同一相电源。

⑤ 控制室宜采取防静电措施，防静电接地与系统的工作接地可合用。

⑥ 控制室内的所有设备的金属外壳、金属管道、金属线槽、建筑物金属结构等应进行等电位连接并接地。

⑦ 会议系统供电回路宜采用建筑物入户端干扰较低的供电回路，保护地线（PE 线）应与交流电源的零线分开，应防止零线不平衡电流对会场系统产生严重的干扰；保护地线的杂声干扰电压不应大于 25mV。

⑧ 会议室灯光照明设备（含调光设备）、会场音频和视频系统设备供电，宜采用分路供电方式。

⑨ 信号线与强电线管应采用金属管分开敷设。

⑩ 扬声器系统固定应安全可靠，安装高度和安装角度应符合声场设计的要求。

⑪ 扬声器系统应远离传声器，轴指向不应对准传声器，避免引起自激啸叫。

⑫ 吊装扬声器箱及号筒扬声器时，应采用原装附带的吊挂安装件，保证安全可靠。如无原配件时，宜购专用扬声器箱吊挂安装件，选用钢丝绳或镀锌铁链做吊装。

⑬ 室外扬声器系统应具有防潮和防腐的特性，紧固件必须具有足够的承载能力。

⑭ 音频设备机柜安装顺序应上轻下重，无线传声器接收机等设备安装于机柜上部，便于接收；功率放大器等较重设备安装于机柜下部，由导轨支撑。

⑮ 音频设备控制室预留的电源箱内，应设有防电磁脉冲的措施，应配备带滤波的稳压电源装置，供电容量要满足系统设备全部开通时的容量。若系统具有火灾应急广播功能时，应按一级负荷供电，双电源末端互投，并配置不间断电源。

⑯ 视频显示器屏幕安装时应注意避免反射光、眩光等现象影响观看效果。墙壁、地板宜使用不易反光材料。

⑰ 采用有线式同声传译的系统，在听众的座席上应设置耳机插孔、音量调节和分路选择开关的收听装置。

⑱ 采用无线同声传译系统时，应根据座位排列，结合无线覆盖有效范围，准确定位无线发射器的数量及安装位置。

⑲ 视频会议摄像机的布置应使被摄入物收入视角范围之内，宜从多个方位摄取画面，并应能获得会场全景或局部特写镜头。

（4）广播系统

① 广播扬声器的声辐射应指向广播服务区；当周围有高大建筑物和高大地形地物时，应避免由于广播扬声器的安装不当而产生回声。

② 同一室内的吸顶扬声器应排列均匀。扬声器箱、控制器、插座等标高应一致，平整牢固；扬声器周围不应有破口现象，装饰罩不应有损伤且应平整。

（5）信息导引及发布系统

① 触摸屏、显示屏的安装位置应对人行通道无影响。

② 触摸屏、显示屏应安装在没有强电磁辐射源及不潮湿的地方。

③ 应与相关专业协调并现场确定落地式显示屏安装钢架的承重能力满足设计要求。

④ 室外安装的显示屏应做好防漏电、防雨措施，应满足 IP65 防护等级标准。

（6）建筑设备监控系统

1）控制中心

① 控制台内机架、配线、接地应符合设计要求。

② 控制中心设备的电源线缆、通信线缆及控制线缆的连接应符合设计要求，并理线整齐，避免交叉，做好标识。

2）室内外温湿度传感器

在同一区域内安装的室内温湿度传感器，距地高度应一致，高度差不应大于 10mm。室内外温湿度传感器不应安装在阳光直射的地方。

3）水管型温度传感器

① 水管型温度传感器应与管道相互垂直安装，轴线应与管道轴线垂直相交。

② 水管型温度传感器的感温段小于管道口径的 1/2 时，应安装在管道的侧面或底部。

4）风管型压力传感器

应安装在管道的上半部，应在温、湿度传感器测温点的上游管段。

5）水流量传感器

① 水管流量传感器的安装位置距阀门、管道缩径、弯管距离应不小于 10 倍管内径。

② 水管流量传感器应安装在测压点上游并距测压点 3.5 ~ 5.5 倍管内径的位置。

③ 水管流量传感器应安装在温度传感器测温点的上游，距温度传感器 6 ~ 8 倍管内径的位置。

④ 流量传感器信号的传输线宜采用屏蔽和带有绝缘护套的线缆，线缆的屏蔽层宜在现场控制器侧一点接地。

6）风阀执行器

① 风阀执行器不能直接与风门挡板轴相连接时，可通过附件与挡板轴相连，但其附件装置必须保证风阀执行器旋转角度的调整范围。

② 风阀执行器的开闭指示位应与风阀实际状况一致。

7）电动水阀、电磁阀

① 阀体上箭头的指向应与水流方向一致，并应垂直安装于水平管道上。

② 阀门执行机构应安装牢固，传动应灵活，无松动或卡涩现象。阀门应处于便于操作的位置。

③ 有阀位指示装置的阀门，阀位指示装置面向便于观察的位置。

（7）安全防范系统

1）探测器

① 各类探测器，应根据所选产品的特性、警戒范围要求和环境影响等，确定设备的安装点（位置和高度）。

② 周界入侵探测器应能保证防区交叉，避免盲区，并应考虑使用环境的影响。

③ 探测器底座和支架应固定牢固。

④ 导线连接应牢固可靠，外接部分不得外露，并留有适当余量。

2）紧急按钮安装

紧急按钮的安装位置应隐蔽，便于操作。

3）摄像机

① 在满足监视目标视场范围要求的条件下，其安装高度：室内离地不宜低于 2.5m；室外离地不宜低于 3.5m。

② 摄像机及其配套装置，如镜头、防护罩、支架、雨刷等，安装应牢固，运转应灵活，应注意防破坏，并与周边环境相协调。

③ 信号线和电源线应分别引入，外露部分用软管保护，并不影响云台的转动。

④ 电梯厢内的摄像机应安装在厢门上方的左或右侧，并能有效监视电梯厢内乘员面部特征。

4）云台、解码器

① 云台的安装应牢固，转动时无晃动。

② 根据产品技术条件和系统设计要求，检查云台的转动角度范围是否满足要求。

③ 解码器应安装在云台附近或吊顶内，须留有检修孔。

5）电子巡查设备

在线巡查或离线巡查的信息采集点（巡查点）的数目应符合设计与使用要求，其安装高度离地 1.3 ~ 1.5m。安装应牢固，注意防破坏。

6）控制设备

① 控制台、机柜（架）安装位置应符合设计要求，安装应平稳牢固、便于操作维护。机柜（架）背面、侧面离墙净距离应符合现行《安全防范工程技术标准》GB 50348 相关规定。

② 所有控制、显示、记录等终端设备的安装应平稳，便于操作。其中监视器（屏幕）应避免外来光直射，当不可避免时，应采取避光措施。在控制台、机柜（架）内安装的设备应有通风散热措施，内部接插件与设备连接应牢固。

③ 控制室内所有线缆应根据设备安装位置设置电缆槽和进线孔，排列、捆扎整齐，编号，并有永久性标识。

7）供电、防雷与接地施工

① 系统的供电设施应符合现行《安全防范工程技术标准》GB 50348 相关规定。摄像机等设备宜采用集中供电，当供电线（低压供电）与控制线合用多芯线时，多芯线与视频线可一起敷设。

② 系统防雷与接地设施的施工应按现行《安全防范工程技术标准》GB 50348 相关要求进行。

③ 监控中心内接地汇集环或汇集排的安装应符合现行《安全防范工程技术标准》GB 50348 相关规定，安装应平整。接地母线的安装应符合现行《安全防范工程技术标准》GB 50348 相关规定，并用螺丝固定。

④ 对各子系统的室外设备，应按设计文件要求进行防雷与接地施工，并应符合现行《安全防范工程技术标准》GB 50348 相关规定。

（8）停车场管理系统

1）读卡机（IC 卡机、磁卡机、出票读卡机、验卡票机）与挡车器

① 安装应平整、牢固，保持与水平面垂直、不得倾斜。

② 卡机与挡车器的中心间距应符合设计要求或产品使用要求。

③ 挡车器应安装牢固、平整。安装在室外时，应采取防水、防撞、防砸措施。

2）感应线圈

① 感应线圈埋设位置与埋设深度应符合设计要求或产品使用要求。

② 感应线圈至机箱处的线缆应采用金属管保护，并固定牢固。

3）信号指示器

① 车位状况信号指示器安装在室外时，应考虑防水措施。

② 车位引导显示器应安装在车道中央上方，便于识别与引导。

（9）智能卡应用系统

① 识读设备的安装位置应避免强电磁辐射源、潮湿、有腐蚀性等恶劣环境。

② 控制器、读卡器不应与大电流设备共用电源插座。

③ 读卡器类设备完成应加防护结构面，并能防御破坏性攻击和技术开启。

④ 配套锁具安装应牢固，启闭应灵活。

⑤ 红外光电装置应安装牢固，收、发装置应相互对准，并应避免太阳光直射。

⑥ 信号灯控制系统安装时，警报灯与检测器的距离不应大于15m。

（10）智能化集成系统

① 应依据网络规划和配置方案、集成系统功能和系统性能文件，绘制系统图、网络拓扑图、设备布置接线图。

② 应依据集成子系统技术文件进行图形界面绘制和通信参数配置。并应进行子系统权限管理配置。

③ 应依据集成系统功能和系统性能文件、集成子系统通信接口，开发通信接口转换软件，并应按以下规定进行应用软件的质量检查：

a. 应核查使用许可证及使用范围。

b. 对由系统承包商编制的用户应用软件，设计的软件组态及接口软件等，应进行功能测试和系统测试，并应提供完整的文档。

c. 所有自编软件均应提供完整的文档（包括程序结构说明、安装调试说明、使用和维护说明书等）。

④ 服务器、工作站、通信接口转换器、视频编解码器等设备安装应符合以下规定：

a. 安装位置应符合设计要求，安装应平稳牢固，并便于操作维护。

b. 机柜内安装的设备应有通风散热措施，内部接插件与设备连接应牢固。

c. 对有序列号的设备必须登记设备的序列号。

d. 应对有源设备进行通电检查，设备应工作正常。

e. 跳线连接规范，线缆排列有序，线缆上应有正确牢固的标签。

f. 设备安装机柜应张贴设备系统连线示意图。

⑤ 服务器和工作站的软件安装应符合以下规定：

a. 应按设计文件为设备安装相应的软件系统，系统安装应完整。

b. 服务器不应安装与本系统无关的软件。

c. 操作系统、防病毒软件应设置为自动更新方式。

d. 软件系统安装后应能够正常启动、运行和退出。

e. 必须在网络安全检验后，服务器才可以在安全系统的保护下与互联网相联，并对操作系统、防病毒软件升级及更新相应的补丁程序。

⑥ 通信接口软件调试和修改工作应在专用计算机上进行，并进行版本控制。

⑦ 应将集成系统的服务端软件配置为开机自动运行方式。

（11）机房工程

1）装饰装修工程

① 吊顶上空间作为回风静压箱时，其内表面应按设计做防尘处理，不得起皮和龟裂。

② 吊顶板上铺设的防火、保温、吸声材料应包封严密，固定牢靠，板块间应无缝隙。

③ 隔断墙与其他墙体、柱体的交接处应填充密封防裂材料。

④ 隔断墙装饰面板的非阻燃材料衬层内表面应涂覆两遍防火涂料。胶粘剂应满涂、均匀，粘结应牢固。饰面板对缝图案应符合设计规定。

⑤ 活动地板下空间作为送风静压箱时，应对原建筑表面进行防尘涂覆，涂覆面不得起皮和龟裂。

⑥ 铺设风口地板和开口地板时，需现场切割的地板，切割面应光滑、无毛刺，并应进行防火、防尘处理。

2）供配电系统工程

① 开关、插座应按设计位置安装，接线应正确、牢固。不间断电源插座应与其他电源插座有明显的形状或颜色区别。

② 机房内电缆、电线的敷设，应排列整齐、捆扎牢固、标识清晰，端接处长度应留有适当富余量，不得有扭绞、压扁和保护层断裂等现象。

③ 吸顶灯具底座应紧贴吊顶或顶板，安装应牢固。嵌入安装灯具应固定在吊顶板预留洞（孔）内专设的框架上。

④ 不间断电源电池组应接直流接地。

⑤ 配电柜和配电箱安装支架的制作尺寸应与配电柜和配电箱的尺寸匹配，安装应牢固，并应可靠接地。

3）防雷与接地系统工程

① 浪涌保护器安装应牢固，接线应可靠。安装多个浪涌保护器时，安装位置、顺序应符合设计和产品说明书的要求。

② 接地装置焊接应牢固，并应采取防腐措施。接地体埋设位置和深度应符合设计要求。引下线应固定。

③ 等电位联接金属带可采用焊接、熔接或压接。金属带表面应无毛刺、明显伤痕，安装应平整、连接牢固，焊接处应进行防腐处理。

④ 接地线不得有机械损伤；穿越墙壁、楼板时应加装保护套管；在跨越建筑物伸缩缝、沉降缝处，应弯成弧状，弧长宜为缝宽的 1.5 倍。

⑤ 接地端子应做明显标记，接地线应沿长度方向用油漆刷成黄绿相间的条纹进行标记。

⑥ 接地线的敷设应平直、整齐。转弯时，弯曲半径应符合现行《数据中心基础设施施工及验收规范》GB 50462 表 4.2.6 的规定。接地线的连接宜采用焊接，焊接应牢固、无虚焊，并应进行防腐处理。

4）综合布线系统工程

① 当采用屏蔽布线系统时，屏蔽线缆与端头、端头与设备之间的连接应符合下列要求：

a. 对绞线缆的屏蔽层应与接插件屏蔽罩完整可靠接触。

b. 屏蔽层应保持连续，端接时宜减少屏蔽层的剥开长度，与端头间的裸露长度不应大于 5mm。

② 上走线方式敷设光缆时，应符合下列规定：

a. 对尾纤应用阻燃塑料设置专用槽道，尾纤槽道转角处应平滑、呈弧形；尾纤槽两侧壁应设置下线口，下线口应做平滑处理。

b. 光缆的尾纤部分应用棉线绑扎。

③ 对绞线在与 8 位模块式通用插座相连时，应按色标和线对顺序进行卡接。插座类型、色标和编号、接线标号顺序应符合标准。两种双绞线线序在同一布线工程中不得混用。

5）安全防范系统工程

① 监视器安装在机柜内时，应采取通风散热措施。

② 同轴电缆的敷设应符合现行《民用闭路监视电视系统工程技术规范》GB 50198 的有关规定。

③ 传感器、探测器的导线连接应牢固可靠，并应留有适当余量，线芯不得外露。

④ 电力电缆应与信号线缆、控制线缆分开敷设，无法避免时，对信号线缆、控制线缆应进行屏蔽。

6）空调系统工程

① 室内机组安装时，在室内机组与基座之间应垫牢靠固定的隔振材料。

② 室外空调冷风机组安装在地面时，应设置安全防护网。

③ 连接室内机组与室外机组的冷媒管，应按设备技术档案要求进行安装。冷媒管为硬紫铜管时，应按设计位置安装存油弯和防振管。

④ 管道应按设计要求进行保温。当设计对保温材料无规定时，可采用耐热聚乙烯、保温泡沫塑料或玻璃纤维等材料。

⑤ 新风系统设备与管道应按设计要求进行安装，安装应便于空气过滤装置的更换，并应牢固可靠。

⑥ 金属法兰的焊缝应严密、熔合良好、无虚焊。法兰平面度的允许偏差应为 2mm，孔距应一致，并应具有互换性。

7）给水排水系统工程

① 管径不大于 100mm 的镀锌管道宜采用螺纹连接，螺纹的外露部分应做防腐处理；管径大于 100mm 的镀锌管道应采用焊接或法兰连接。

② 需弯制钢管时，弯曲半径应符合现行《建筑给水排水及采暖工程施工质量验收规范》GB 50242 的有关规定。

③ 管道支架、吊架、托架的安装，应符合下列规定：

a. 固定支架与管道接触应紧密，安装应牢固、稳定。

b. 在建筑结构上安装管道支架、吊架，不得破坏建筑结构及超过其荷载。

④ 水平排水管道应有 3.5‰～5‰的坡度，并应坡向排泄方向。

⑤ 机房内的空调器冷凝水排水管应设有存水弯。

⑥ 电磁屏蔽工程的施工应执行现行《数据中心基础设施施工及验收规范》GB 50462 相关规定。

⑦ 消防系统工程的施工应执行现行《气体灭火系统施工及验收规范》GB 50263、《数据中心基础设施施工及验收规范》GB 50462 第 10 章的规定。

2. 经典做法解析

（1）案例 1

某创优工程智能化系统介绍节选。

① 智能照明：大厦采用智能调光系统，通过区分不同的功能区，以多样的控制方式自动调节大厦的整体灯光，达到节能的目的（图 4.4-1）。

本工程采用的智能调光系统：

a. 办公区域：DALI 控制 + 面板 + 远程 + 时间 + 光照调节的控制方式；

（a）

（b）

（c）

图 4.4-1　智能照明灯具

b. 电梯厅：动静感应 + 远程 + 时间的控制方式；

c. 会议室及经理办公室：0 ~ 10V+ 面板 + 远程的控制方式；

d. 大堂采用：220V 调光 + 面板 + 远程 + 时间的控制方式。

② 门禁系统：大厦全区域（含机房、管井）覆盖门禁系统，门禁采用微信 App、PC 端多方式控制，实现门禁权限和工作考勤（图 4.4-2 ~ 图 4.4-6）。

图 4.4-2 门禁系统——闸机

图 4.4-3 门禁权限和工作考勤

图 4.4-4 面部识别

图 4.4-5 门禁系统

图 4.4-6 管井门禁系统

本工程采用的门禁系统：

a. 办公区域：采用支持 Mifare 1/CPU、手机 SIM 卡、指纹识别及密码的读卡器；

b. 大堂人行道闸：采用人脸识别 + Mifare 1/CPU+ 手机 SIM 卡的读卡器；

c. 联动门禁系统可以针对访客的预留楼层进行门禁权限的下发。

③ 建筑楼宇自控系统对大厦的空调、给水排水、送排风、冷水机组、电梯、电力监控、能源管理等建设设备进行集中统一的监控管理（图 4.4-7 ~ 图 4.4-15）。

④ 智能化 10000 多个综合布线点位，全部采用正向方形理线方式，排布紧密有致（图 4.4-16、图 4.4-17）。

图 4.4-7　监控机房

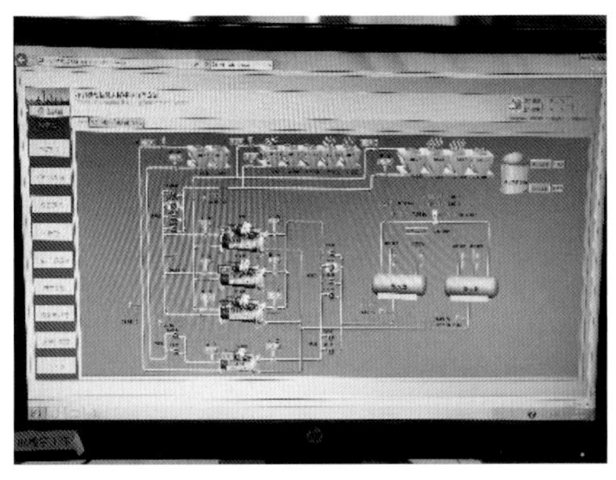

图 4.4-8　冷水机组监控

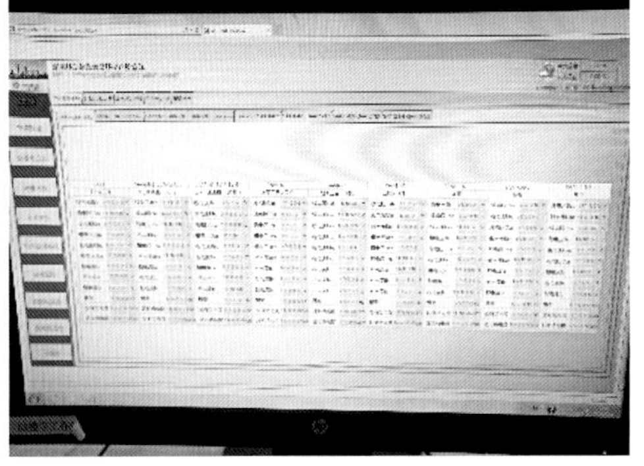

图 4.4-9　空调系统智能监控

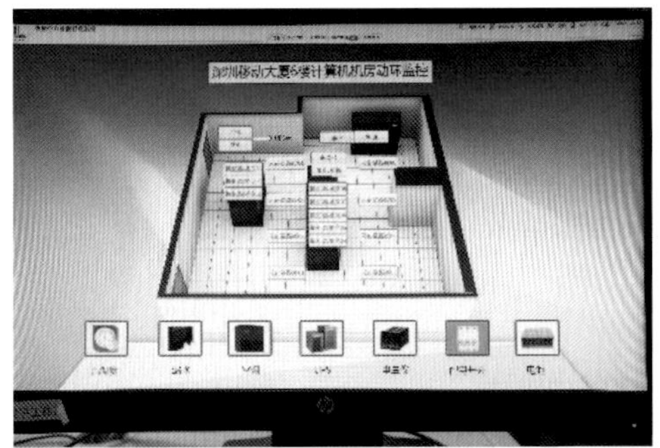

图 4.4-10　计算机房动环监控

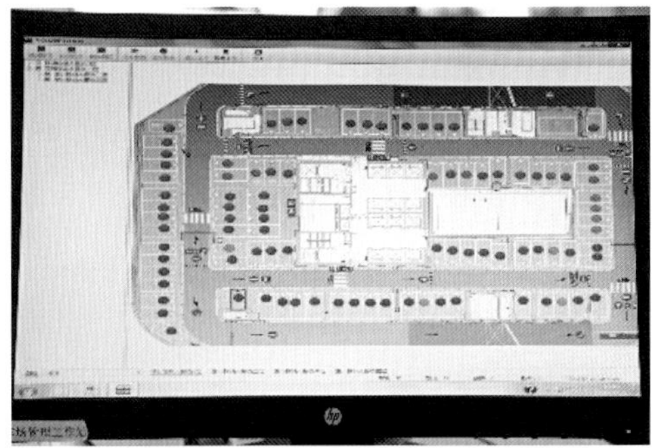

图 4.4-11　标准层运行状态监控

图 4.4-12　火灾楼层显示器

图 4.4-13　应急照明及报警

图 4.4-14　监控机柜

图 4.4-15　机柜内部接线

图 4.4-16　机柜内部接线整齐有序

图 4.4-17　机柜内部排线整齐有序

采用电脑预先完成机柜内信息点位排版，敷设时每个点位做好提前规划的编号，理线时，严格保管工艺。

（2）案例 2

某创优工程智能化系统介绍节选。

① 监控室布局合理紧凑；弱电模块箱内接线规范，美观有序，标识分明（图 4.4-18、图 4.4-19）。

② 智能会议系统可靠、实用，智能化程度高（图 4.4-20）。

（3）经典做法

1）综合布线（图 4.4-21 ～图 4.4-27）

2）会议系统（图 4.4-28、图 4.4-29）

图 4.4-18 监控室布局

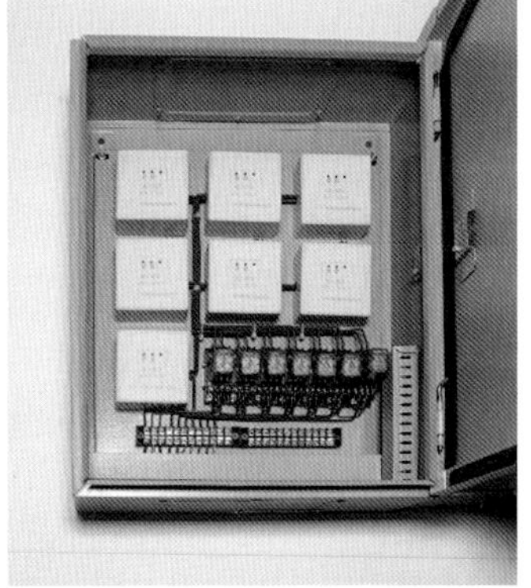

图 4.4-19 弱电模块箱内接线

（a）

（b）

图 4.4-20 智能会议系统

图 4.4-21 综合布线示意图

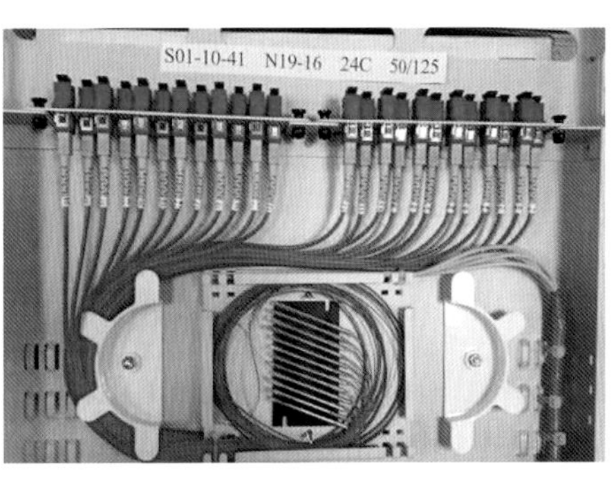

图 4.4-22 柜内光纤布线

（a）

（b）

图 4.4-23 机房内综合布线

图 4.4-24　综合布线系统机柜布置

图 4.4-25　综合布线系统桥架管线布设

图 4.4-26　综合布线系统跳线连接图

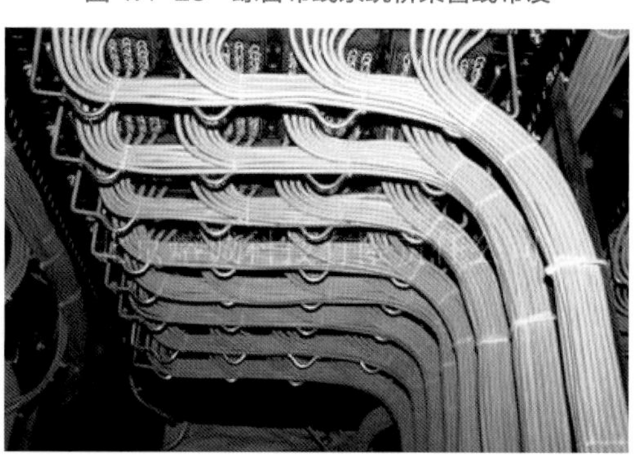

图 4.4-27　综合布线系统机柜内排线布置图

图 4.4-28　会议系统应用示意图

图 4.4-29　扩声、显示系统示意图

3）安全防范系统（图 4.4-30 ~ 图 4.4-37）

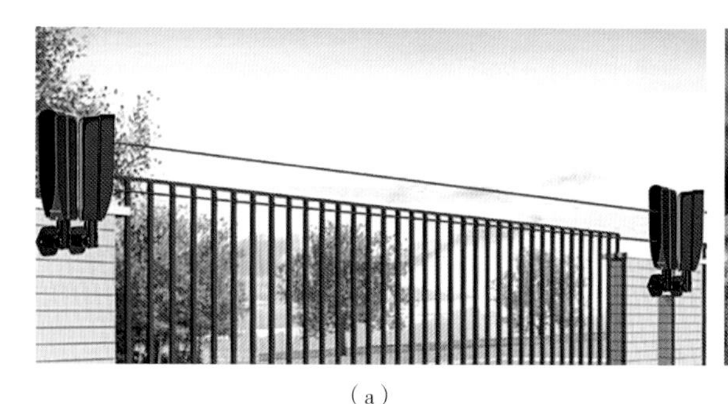

（a）

（b）

图 4.4-30　一体式红外对射示意图

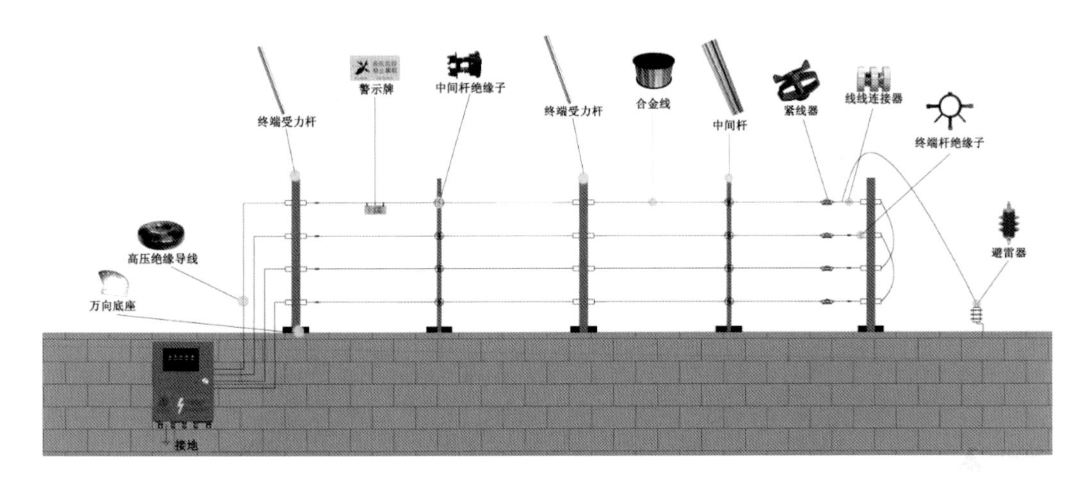

图 4.4-31　电子围栏示意图

图 4.4-32　电子围栏

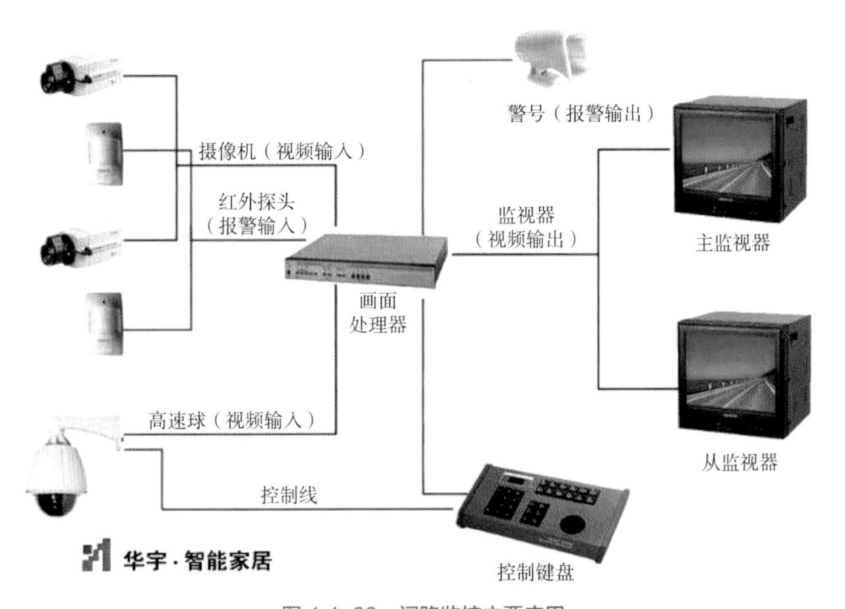

图 4.4-33　闭路监控主要应用

图 4.4-34　摄像头安装

图 4.4-35　监控室及监控系统

图 4.4-36　监控室及弧形监控大屏

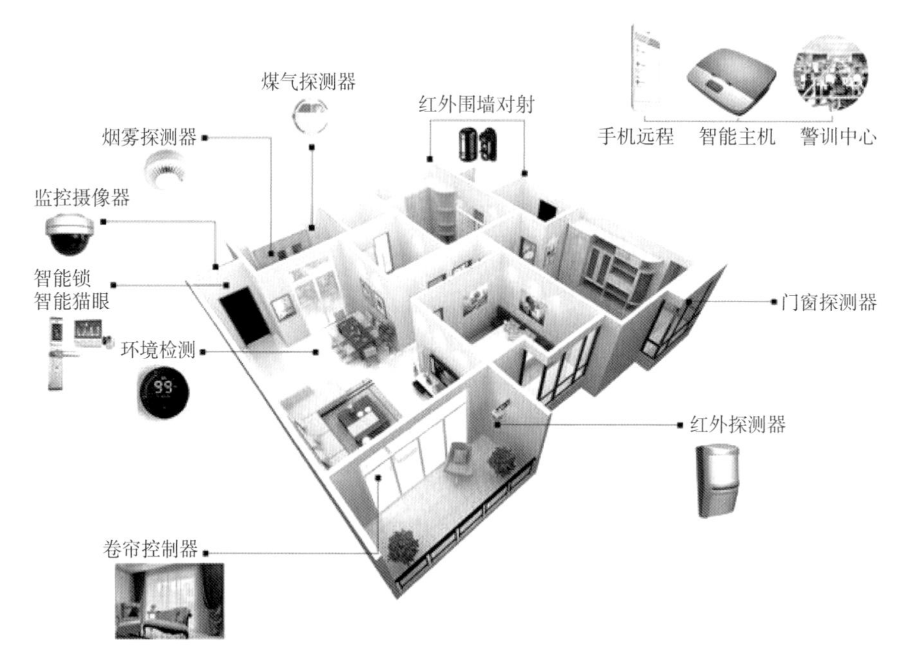

图 4.4-37　家庭安全防范系统

4）停车场管理系统（图 4.4-38 ~ 图 4.4-40）

5）智能卡应用系统（图 4.4-41 ~ 图 4.4-43）

6）智能化集成系统（图 4.4-44）

某隧道综合监控系统，可实现多系统监控、控制，可用截屏的方式，进行展示，如图 4.4-45 ~ 图 4.4-55 所示。

7）机房工程

监控机房设有多个机柜，运行要求较高。施工前，应明确执行的设计规范。如果机

（a）　　（b）

图 4.4-38　IC 卡智能停车场管理系统

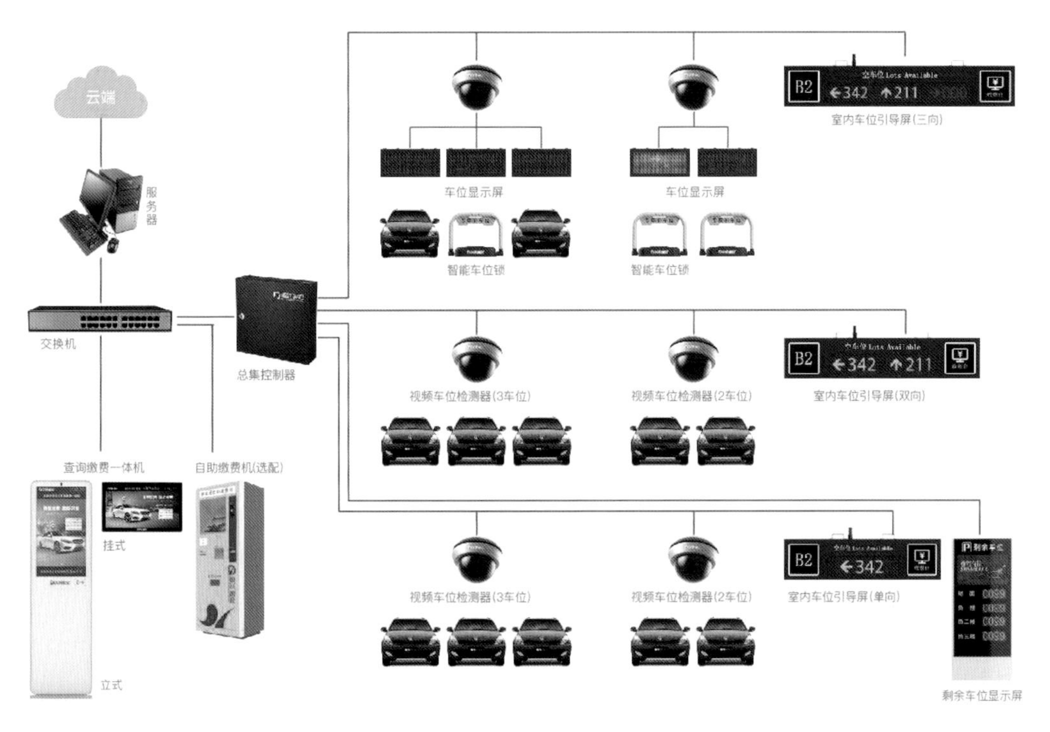

图 4.4-39　室内车位引导系统

（a）（b）

（c）（d）

图 4.4-40　室内车位引导系统

图 4.4-41　智能卡应用示意图

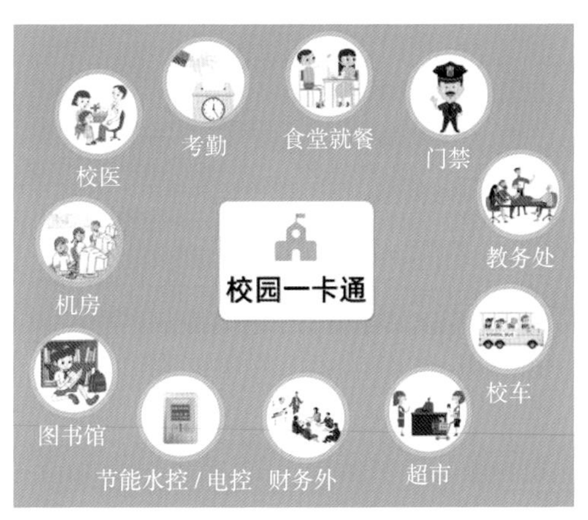

图 4.4-42　校园智能卡应用示意图

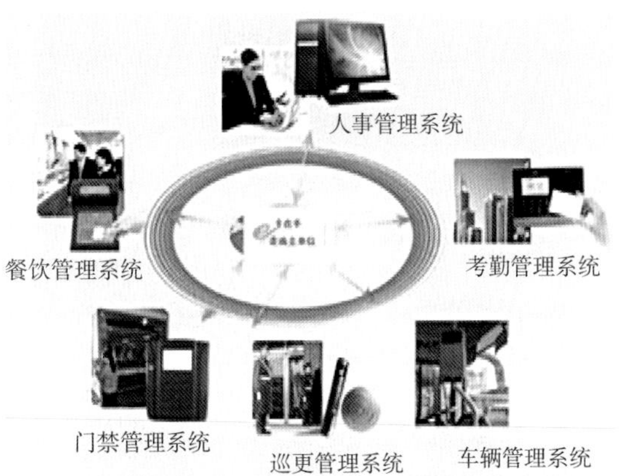

图 4.4-43　企业智能卡应用示意图

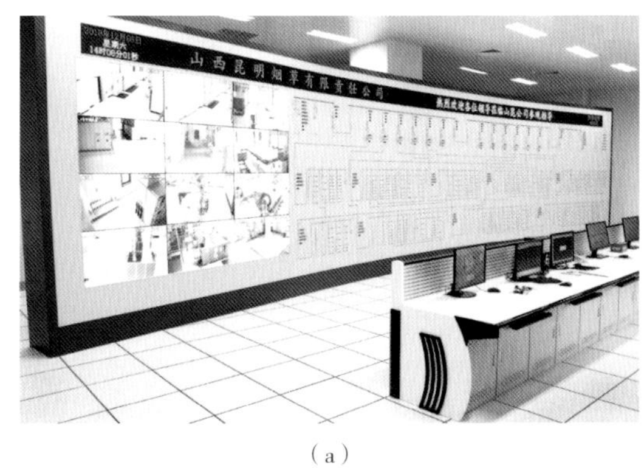

（a）

（b）

图 4.4-44　弧形监控大屏与智能化集成系统

图 4.4-45　监控中心大屏幕安装平直、牢固，系统运行稳定良好、画面清楚

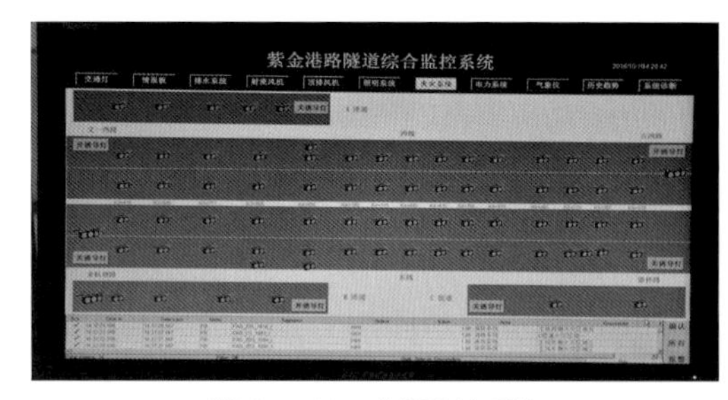

图 4.4-46　交通监控系统

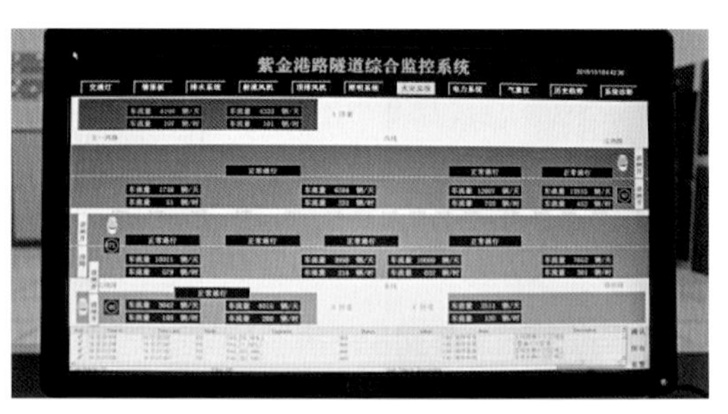

图 4.4-47　自动控制 PLC 系统

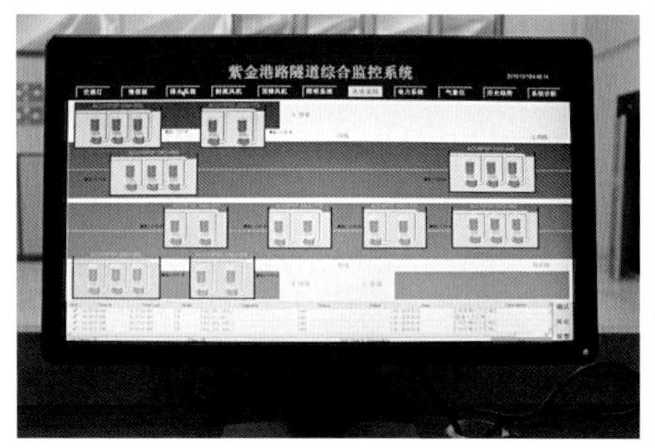

图 4.4-48　消防系统

图 4.4-49　通风系统

图 4.4-50　火灾报警系统

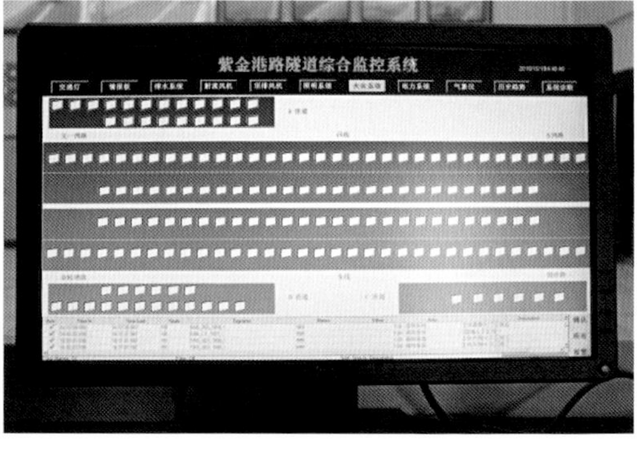

图 4.4-51　电气照明系统

图 4.4-52　防雷系统

图 4.4-53　电力动力系统

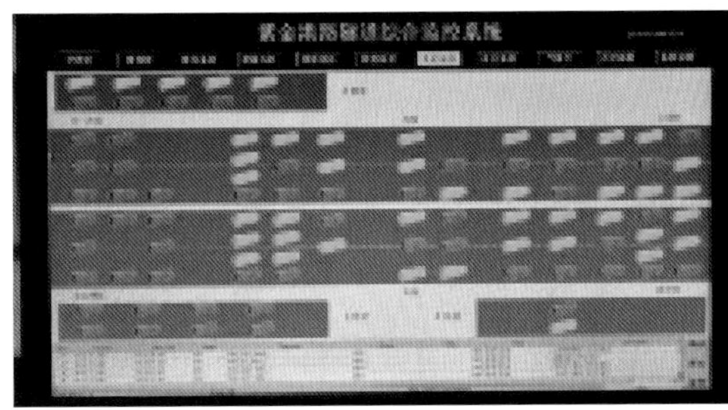

图 4.4-54　中央控制系统

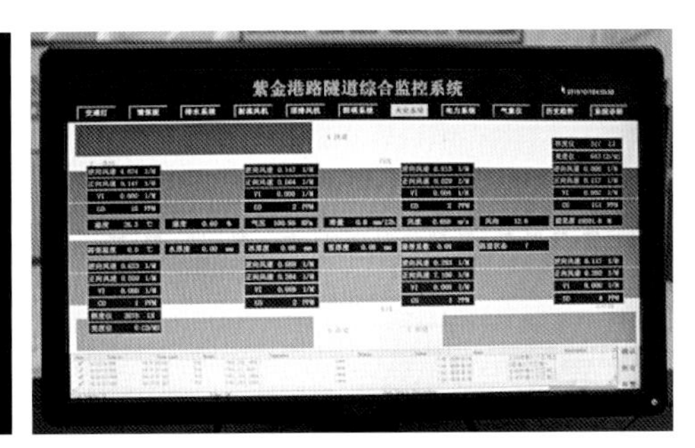

图 4.4-55　计算机网络系统

房执行现行《导（防）静电地面设计规范》GB 50515，必须组织好防静电地板的接地施工。

《导（防）静电地面设计规范》GB 50515 关于静电地板接地的规定如下：

6.1.1　静电接地系统宜由导（防）静电地面面层下设置的静电接地网（带）、接地干线、接地装置等组成，其接地电阻宜小于 100Ω。

6.1.2　导（防）静电接地系统严禁与独立避雷针的杆塔、架空避雷线的端部、架空避雷网的支柱及其引下线连接。

6.1.3　对静电敏感的电气或电子类产品的生产场所，导（防）静电地面的接地系统可与其他类别的接地系统共用接地装置，其接地电阻应满足其中最小电阻值的规定。

6.1.4　在一般的防静电要求的场所，导（防）静电地面的接地系统可与其他类别接地系统等电位连接。

6.1.5　静电接地网（带）与接地干线的连接必须牢固，每块地面的接地网（带）与接地干线的连接不应少于 2 处；超过 $100m^2$ 的导（防）静电地面的接地网（带）应增加与接地干线的连接点。

6.1.6　静电接地系统与独立避雷针、架空避雷线、网及引下线的安全距离、线截面等，静电接地与其他接地共用的接地装置、共用接地干线、接地端子及等电位连接等要求，应符合现行国家标准《建筑物防雷设计规范》GB 50057、《建筑物电子信息系统防雷技术规范》GB 50343 和《工业与民用电力装置的接地设计规范》GBJ 65 的有关规定。

6.2.1　铜箔网与接地干线之间，应采用宽 30mm、厚 1mm 的铜质过渡板连接，铜板的上端应与接地干线焊连或压接，铜板的下端应埋入地面面层之下，并与铜箔网锡焊；过渡连接板应可靠地固定在踢脚板上。

6.2.2　铜带（网）、钢带（网）、钢丝（网）可用其接地引出线与接地干线（或其接地端子）焊连或压接。压接的接触面积不应小于 $25mm^2$。

6.2.3　接地网（带）的引出端应避开人流、物流集中的区域。

防静电机房等电位做法 1：机房内设置局部等电位汇接箱、等电位联结网格，将机房内的机柜、高架地板支架等金属构件全部连接入汇接箱；汇接箱再与大楼总等电位联接箱连接，如图 4.4–56 所示。

防静电机房等电位做法 2：机房内设置等电位联结网格，将机房内的机柜、高架地板支架等金属构件全部连通；再与大楼接地主干线连接，如图 4.4–57 所示。

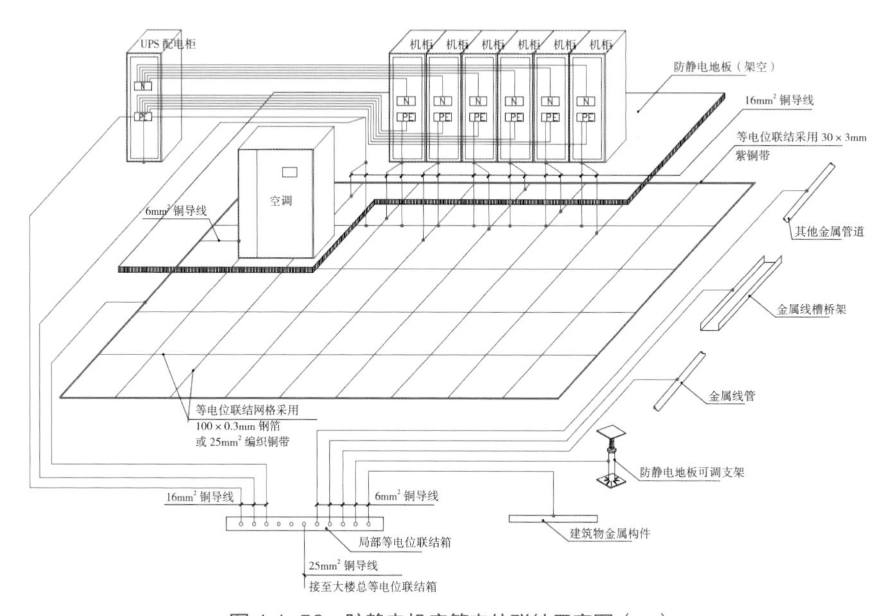

图 4.4–56　防静电机房等电位联结示意图（一）

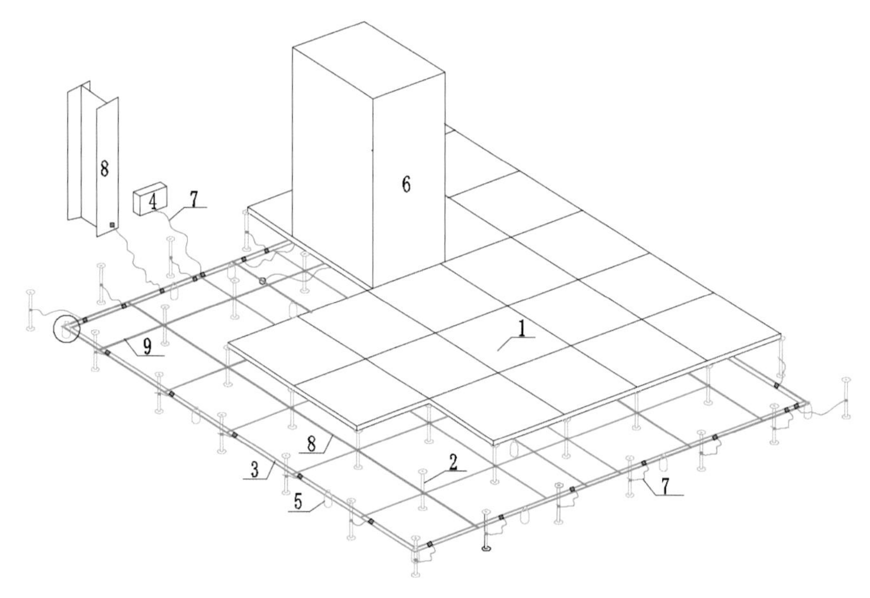

图 4.3–57　防静电机房等电位联结示意图（二）

1—防静活动电地板；2—地板可调支架；3—紫铜带；4—接地汇接箱；5—纺锤绝缘子；6—机柜；7—编织铜带；8—金属构件；9—铜箔

采用 6mm² 接地线将等电位联结带与各类机柜外壳、金属线槽、建筑物金属构件等进行连接，绝缘子支架与绝缘子支架间距为 800 ~ 1500mm。防静电机房高架地板的施工过程、施工完成后的效果参见图 4.4-58、图 4.4-59。

机房内各类设备及末端设备的布置如图 4.4-60 ~图 4.4-62 所示。

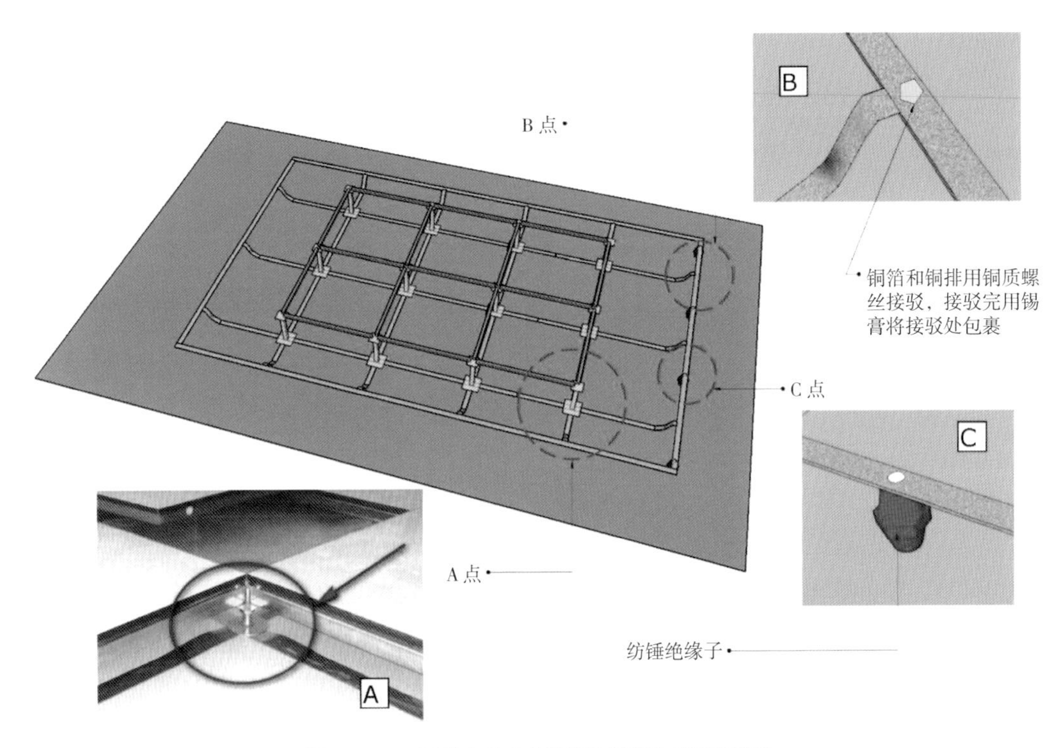

图 4.4-58　防静电机房内高架地板接地布设示意图

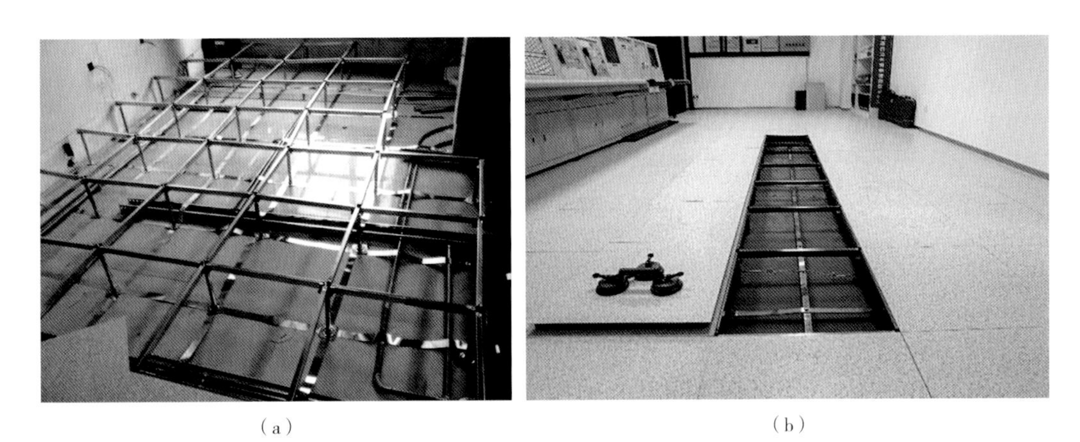

（a）　（b）

图 4.4-59　机房内高架地板立柱铜排接地

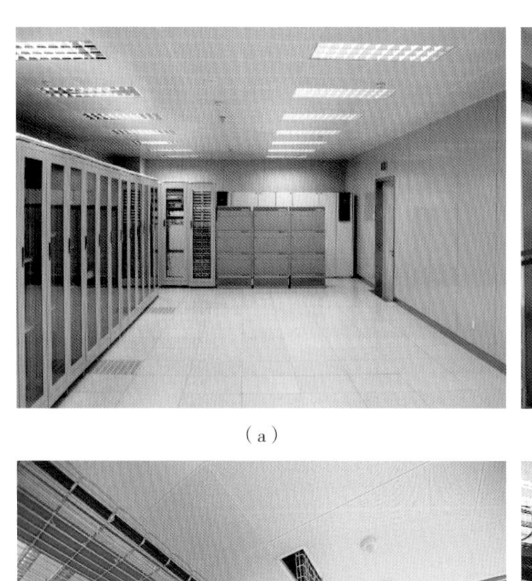

（a）

（b）

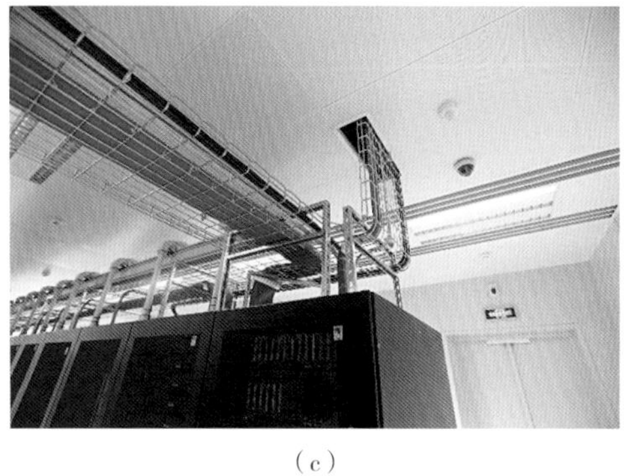

（c）

（d）

图 4.4-60　机房布置示意图

图 4.4-61　机房吊顶布置示意图

图 4.4-62　机房消防系统示意图

第五节　电梯分部

1. 检查要求

在建筑工程中，常见的电梯形式有曳引与强制驱动电梯、自动扶梯与自动人行道。电梯既是建筑工程中的一个分部工程，同时，又是特种设备中的一项，因此，施工过程中，要做好特种设备的开工告知、过程监检、竣工验收等工作，并收集好相关资料。电梯轿厢内应张贴有效期内的电梯使用证明书；电梯竣工资料应一梯一档，施工过程记录、检验检测记录完整。

现场复查时，主要查看电梯运行是否平稳，有无噪声，轿厢平层是否准确；机房内电梯主机布局是否合理，接地是否齐全、牢固可靠，机组底座是否按规范施工，检修用吊钩及标识是否规范，机房内应急工具是否齐全等。

2. 经典做法解析

（1）案例

某工程的汇报资料：34 部垂直电梯制动可靠、平层准确，门扇平直、洁净，门缝严密一致；8 部自动扶梯运行平稳。经过单机试运转、联动调试，均一次性合格，经深圳市特种设备监督检验所按照一梯一验进行验收，全部合格（图 4.5-1 ～图 4.5-5）。

图 4.5-1　电梯厅

图 4.5-2　轿厢平层准确

（a）

（b）

图 4.5-3　电梯机房

图 4.5-4　自动扶梯运行平稳，标识清楚

图 4.5-5　多组自动扶梯

（2）经典做法

曳引式电梯门开启灵活，轿厢运行稳定、平层准确（图 4.5-6）。

（a）

（b）

图 4.5-6　电梯运行稳定，平层准确

多台弧形室内观光梯综合布置，与环境协调一致；弧形轿厢运行稳定、平层准确（图 4.5-7、图 4.5-8）。

图 4.5-7　弧形室内观光电梯美观、协调

图 4.5-8　弧形室内观光电梯轿厢平层准确

电梯机房内设备布局合理，曳引机安装牢固、运行稳定；曳引机顶部设置吊钩，限载标识清晰；应急工具齐全,使用方法图文并茂；巡检记录齐全。如图 4.5-9 ~ 图 4.5-13 所示。

（a）

（b）

图 4.5-9　电梯机房布局合理，应急工具齐全，检修吊钩美观实用，各类标识清楚

图 4.5-10　电梯机房铺贴瓷砖，与设备布局协调

图 4.5-11　吊钩

图 4.5-12　应急工具、使用方法齐全

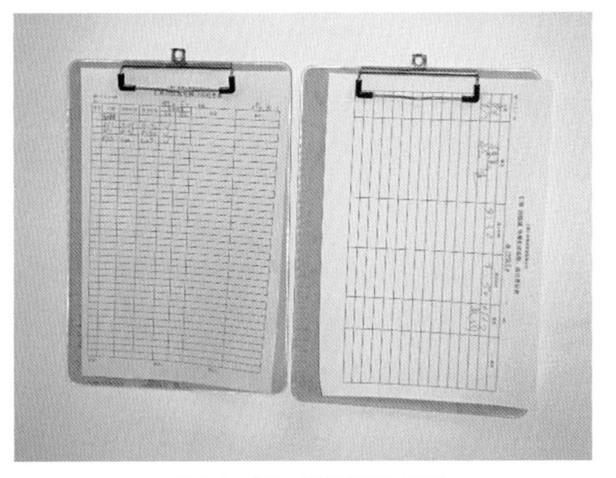

图 4.5-13　巡检记录完整

电梯间装修与建筑物协调一致，楼层标识清晰；残疾人按钮、宠物显示等特色做法实用性强，凸显人文关怀，如图 4.5-14 ~ 图 4.5-17 所示。

自动扶梯、自动人行道安装牢固，运行稳定，美观实用（图 4.5-18、图 4.5-19）。

（a）

（b）

图 4.5-14　电梯厅

图 4.5-15　电梯标识

图 4.5-16　残疾人电梯标识

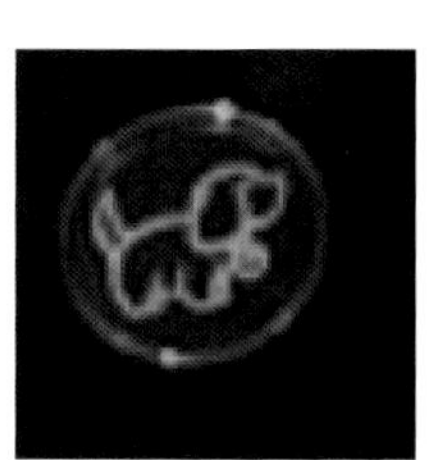

图 4.5-17　电梯标识

（a）　　　　　　　　　　（b）

图 4.5-18　自动扶梯

图 4.5-19　自动人行道

（3）细部做法

电扶梯施工时，尤其应注重下列问题。

1）底坑（图 4.5-20）

① 底坑的底部应平整光滑，坑底及墙壁不得渗水；

② 底坑与集水坑连通，防止倒灌；

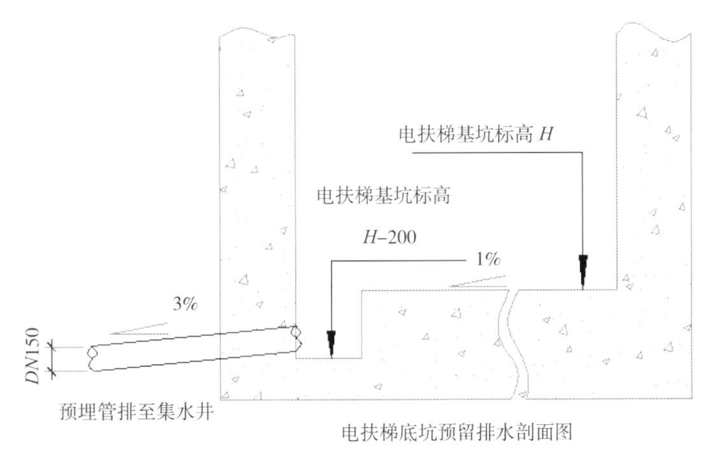

图 4.5-20　电扶梯底坑剖面图

③ 底坑内不得安装排水设备。

2）扶梯出入口栏杆（图 4.5-21）

① 扶手带外缘与墙壁或其他障碍物之间的水平距离，在任何情况下均不得小于 80 ~ 120mm；

② 扶梯上下出入口玻璃与栏杆之间间距不得大于 120mm，以防止人员从扶梯外部空隙坠落；

③ 栏杆高度至少高于扶手带 100mm。

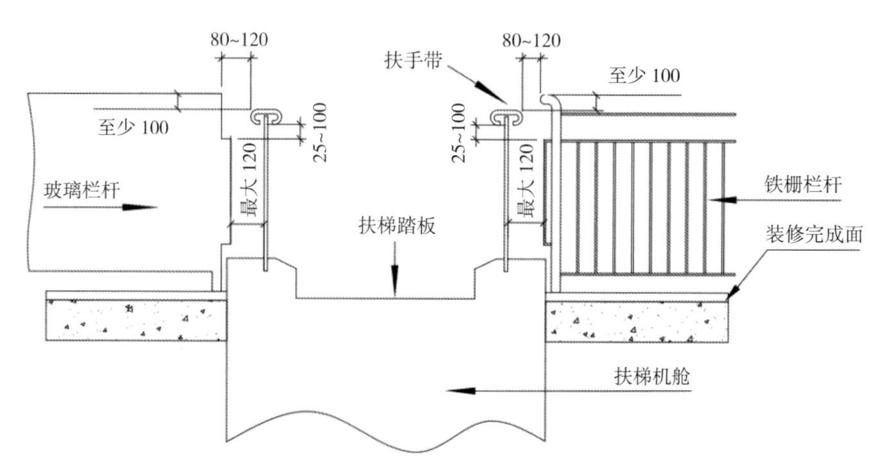

图 4.5-21　电扶梯出入口栏杆剖面大样图

3）扶梯之间净高（图 4.5-22）

① 相互邻近平行或交错设置的自动扶梯，扶手带的外缘间距离至少为 160mm；

② 梯级 / 踏板上方的垂直净高不应小于 2300mm；

③ 扶手带外缘与梁、柱距离小于 400mm 时，需设置防碰撞警示标识。

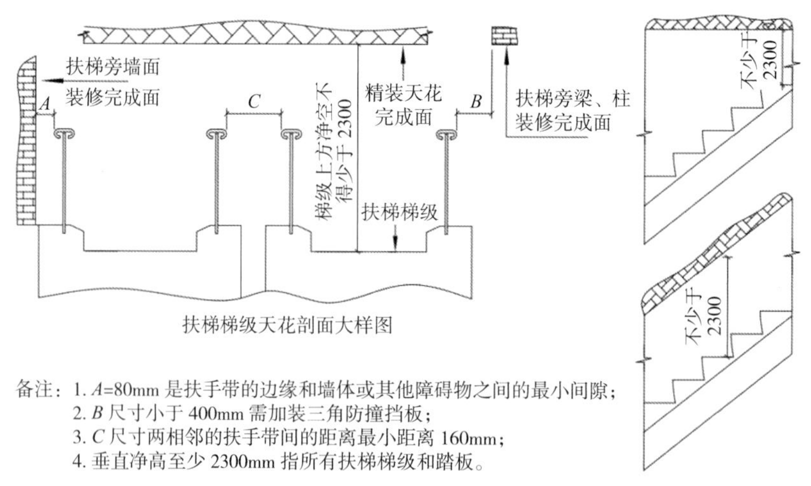

图 4.5-22　扶梯梯级天花剖面大样图